Muhammad Abubakar

Epidynamik und molekulare Charakterisierung des PPR-Virus Pakistan

Muhammad Abubakar

Epidynamik und molekulare Charakterisierung des PPR-Virus Pakistan

ScienciaScripts

Imprint

Any brand names and product names mentioned in this book are subject to trademark, brand or patent protection and are trademarks or registered trademarks of their respective holders. The use of brand names, product narnes, common names, trade names, product descriptions etc. even without a particular marking in this work is in no way to be construed to mean that such names may be regarded as unrestricted in respect of trademark and brand protection legislation and could thus be used by anyone.

Cover image: www.ingimage.com

This book is a translation from the original published under ISBN 978-613-8-33574-0.

Publisher:
Sciencia Scripts
is a trademark of
Dodo Books Indian Ocean Ltd. and OmniScriptum S.R.L Publishing group
Str. Armeneasca 28/1, office 1, Chisinau MD-2012, Republic of Moldova, Europe
Printed at: see last page
ISBN: 978-620-5-41066-0

Copyright © Muhammad Abubakar
Copyright © 2022 Dodo Books Indian Ocean Ltd. and OmniScriptum S.R.L Publishing group

EPIDYNAMIK UND MOLEKULARE CHARAKTERISIERUNG DES VIRUS DER PEST DER KLEINEN WIEDERKÄUER IN PAKISTAN
BY
MUHAMMAD ABUBAKAR[1,2]

1. Nationales Veterinärlabor, Park Road,
Islamabad, Pakistan

2. Abteilung für Tiergenomik und Biotechnologie,
PARC-Institut für fortgeschrittene Studien in der Landwirtschaft
Die Universität für Landwirtschaft,
Peshawar, Pakistan

INHALTSVERZEICHNIS

1. Nationales Veterinärlabor, Park Road, Islamabad, Pakistan 1
INHALTSVERZEICHNIS 2
ABSTRACT 3
I. EINFÜHRUNG 5
II. ÜBERPRÜFUNG DER LITERATUR 8
III. MATERIALIEN UND METHODEN 31
IV. ERGEBNISSE 47
V. DISKUSSION 100
VI. ZUSAMMENFASSUNG, SCHLUSSFOLGERUNG UND EMPFEHLUNGEN 118
VII. ZITIERTE LITERATUR 121
ANHÄNGE 131

ABSTRACT

Die Peste des Petits Ruminants (PPR) ist eine äußerst tödliche und wirtschaftlich verheerende Krankheit bei Schafen und Ziegen. Sie ist auf dem asiatischen und afrikanischen Kontinent weit verbreitet und hat sich zu einer Bedrohung für die Ernährungssicherheit entwickelt. Ziel der vorliegenden Studie war es, einen Einblick in die molekulare Epidemiologie der PPR in diesem Land zu gewinnen und die Persistenz und Übertragung des PPR-Virus mit Hilfe molekularer Methoden unter Feldbedingungen zu untersuchen.

A) Im Rahmen dieser Studie wurden insgesamt vierundachtzig PPR-Ausbrüche untersucht (2010 bis 2013). Als Falldefinition wurde festgelegt, dass ein Schaf oder eine Ziege eine Kombination aus Atemwegs- und Verdauungssymptomen mit Fieber aufweist. Die meisten Ausbrüche wurden aus der Provinz Punjab gemeldet, gefolgt von Sindh und KPK (Khyber Pakhtunkha). Insgesamt waren alle drei Altersgruppen von Schafen und Ziegen von der Krankheit betroffen, aber die jüngeren Tiere waren mit einer Morbiditätsrate von 37,19 % stärker betroffen. Auch die Sterblichkeits- und Fallzahlen waren mit 46,86 % bzw. 17,39 % bei jungen Tieren höher. Die Ergebnisse des phylogenetischen Stammbaums zeigten, dass alle pakistanischen PPRV-Stämme, unabhängig vom verwendeten F- oder N-Gen, zur Linie IV gehören, die die auffälligste und am weitesten verbreitete Linie in Asien ist. Die Verteilung der pakistanischen PPRV-Stämme war breiter gestreut, da das in Taxilla gesammelte Isolat im Vergleich zum Rest der in Pakistan gesammelten Isolate leicht unterschiedlich geclustert war.

B) Insgesamt 19575 Serumproben von Schafen und Ziegen (die während der Rinderpest-Tilgungskampagne (2005-06) in allen Provinzen/Regionen des Landes gesammelt wurden) wurden in diese Studie einbezogen, um die Sero-Epidemiologie von PPRV in Pakistan zu bestimmen. Für die Untersuchung und Analyse der Serumproben wurde der kompetitive ELISA (cELISA) verwendet. Die Laborergebnisse für die einzelnen Provinzen sind in Tabelle 4.10 zusammengefasst. Insgesamt waren 27,53 Prozent der Proben positiv für PPR-Antikörper.

C) Um die Persistenz und die Übertragungsdynamik von PPRV zu verstehen, wurde ein Feldausbruch eingehend untersucht, und es wurden Proben zunächst zur Bestätigung der Krankheit und später von den Tieren, die den Ausbruch überlebt hatten, entnommen. PPR-Virusantigen wurde einen Monat lang nach der Impfung im Kot nachgewiesen. Im Gegensatz dazu sonderten die nicht geimpften Tiere noch bis zu zwei Monate nach Beendigung des Ausbruchs Virusantigen in den Fäkalien ab.

In Anbetracht all dieser Befunde ist es bezeichnend, dass die PPR im Land endemisch ist und dass die Persistenz der Krankheit, die Produktionssysteme für kleine Wiederkäuer sowie die Verbringung von Tieren Schlüsselfaktoren für die Übertragung der Krankheit und ihre Endemizität sind.

I. EINFÜHRUNG

Der Tierhaltungssektor macht fast die Hälfte der weltweiten Agrarwirtschaft aus (Delgado, 2005). In Anbetracht dieses Anteils hat die jüngste Tiergesundheitskrise die Anfälligkeit des Tierhaltungssektors für schwere Verluste durch epidemische Krankheiten und seine Abhängigkeit von effizienten Tiergesundheitsdiensten und -praktiken auf allen Ebenen deutlich gemacht. Die Bedeutung und die Auswirkungen von Tierkrankheiten (einschließlich grenzüberschreitender Tierkrankheiten und Zoonosen) für die öffentliche Gesundheit und das Wohlergehen der Bevölkerung nehmen ebenfalls allmählich zu und werden immer mehr anerkannt.

Tierseuchen, insbesondere die grenzüberschreitenden Tierseuchen, stellen ein ständiges Risiko für die Tiergesundheit, die Landwirtschaft und insbesondere die Lebensmittelsicherheit dar und gefährden somit den internationalen Handel. In den vergangenen Jahrzehnten sahen sich sowohl die Tier- als auch die Gesundheitsbehörden in den Industrieländern mit einer wachsenden Zahl von Problemen der Lebensmittelsicherheit konfrontiert, und auch in den Entwicklungsländern wird die Lage immer ernster (Domenech et al. 2006). Zu den wichtigsten dieser TADs gehören die Maul- und Klauenseuche (MKS), die klassische und die afrikanische Schweinepest, die Peste des petits ruminants (PPR), das Rifttalfieber (RVF) und in jüngster Zeit die hoch pathogene Vogelgrippe (HPAI) durch das H5N1-Virus.

PPR ist eine hochgradig ansteckende und infektiöse Viruserkrankung, die vor allem kleine Wiederkäuer wie Ziegen und Schafe befällt, in seltenen Fällen aber auch Wildtiere befallen kann. Die PPR-Infektion ist gekennzeichnet durch erhöhte Temperatur, eitrigen Augen- und Nasenausfluss, Nekrose, Lungenentzündung, Schleimhautgeschwüre und Entzündungen des Magen-Darm-Trakts, die schließlich zu schweren Durchfällen führen (Gibbs et al., 1979). Es wurde über Morbiditäts- und Mortalitätsraten von 100 % und 90 % berichtet (Abu-Elzein et al., 1990; Lefevre und Diallo, 1990), und bei einem schweren Ausbruch kann die Mortalität nahezu 100 % erreichen. In endemischen Gebieten sind diese Raten jedoch in der Regel niedriger, und die Sterblichkeit kann bis zu 20 % betragen (Roeder und Obi, 1999). Aufgrund der schwerwiegenden gesundheitlichen Folgen gilt sie als "anzeigepflichtige" Krankheit des OIE. Die Krankheit verursacht auch schwere wirtschaftliche Verluste in Form von Tierverlusten und beeinträchtigt die Produktivität der Herde. Die PPR hat seit ihrem Auftreten verschiedene Bezeichnungen und Namen erhalten, die sich meist auf die klinischen Anzeichen der Krankheit beziehen, wie z. B. erosive Stomatitis, Ziegen-Enteritis, katarrhalisches Ziegenfieber und auch verschiedene lokale Namen wie Kata (nigerianischer lokaler Name, der auf Englisch catarrh bedeutet). Der wissenschaftliche Name, der sich weltweit durchgesetzt hat, ist Peste des Petits Ruminants (PPR), ein französischer Begriff. In der Literatur wird die Krankheit als schwielige Viruserkrankung von Schaf- und Ziegenherden beschrieben (Bourdin, 1983) und gilt als stärkster limitierender Faktor für die anspruchsvolle Schaf- und Ziegenhaltung in Entwicklungsländern (Abubakar und Munir, 2014). PPR wird durch ein Mitglied der Gattung *Morbillivirus* (lateinisch; Morbus bedeutet Krankheit) verursacht. Die Viren dieser Gattung sind umhüllt und gehören zur Familie der *Paramyxoviridae* der Ordnung *Mononegavirales*. Auf der Grundlage der genetischen Charakterisierung wurde das PPR-Virus in vier verschiedene Linien (I, II, III und IV) eingeteilt. Diese Klassifizierung basiert auf der Sequenzanalyse von partiellen Fusionsproteinen (F) und Nukleoproteinen (N). Alle vier Linien wurden in Afrika gefunden und zirkulieren dort, während nur die Linie IV in Asien nachgewiesen wurde (Shaila *et al.* 1996; Dhar *et al.* 2002). Pakistan ist ein Agrarland; der Gesamtbestand an Schafen und Ziegen beträgt etwa 25,5 bzw. 61,9 Millionen Stück. Zusammen produzieren sie 782,1 Tausend Tonnen Hammelfleisch, 45,2 Tausend Tonnen Wolle, 31 Millionen Tonnen Milch, 21,5 Tausend Tonnen Haare und 51,2 Millionen Häute pro Jahr (Economic Survey, 2012-13). Die kleinen Wiederkäuer und ihre Nebenprodukte spielen eine zentrale Rolle in der nachhaltigen Landwirtschaft und bei der Armutsbekämpfung im Lande. Die Landwirtschaft mit kleinen Wiederkäuern ist die Einkommensquelle für die arme Bevölkerung Pakistans. Leider ist eine hochgradig ansteckende und tödliche Krankheit in der Lage, die Produktivität und das Leben der kleinen Wiederkäuer und damit das Überleben der Armen zu bedrohen, nämlich die PPR.

Das Vorhandensein von PPR wurde in Pakistan seit 1991 erkannt, zunächst auf der Grundlage klinischer Anzeichen (Pervez *et al.* 1993; Athar *et al.* 1995 und Amjad *et al.* 1996) und später durch den Einsatz fortschrittlicher Diagnosetechniken wie Enzyme Linked Immuno-Sorbent Assay (ELISA) und Polymerase Chain Reaction (PCR) (Khan *et al.* 2007; Abubakar *et al.*, 2008; Abubakar et al., 2009; Munir et al., 2012). Bei der Verbesserung der Produktivität von kleinen Wiederkäuern hat sich die PPR als eine große Einschränkung erwiesen, und ihre kommerzielle Zucht ist in den Regionen, in denen sie endemisch ist, ebenfalls begrenzt. Khan *et al.* (2008) und Abubakar *et al.* (2008) bestätigten die PPR-Ausbrüche an verschiedenen Orten Pakistans (Punjab, Northern Areas und Islamabad) mit Hilfe von kompetitiven und Immuno-Capture-ELISAs.

Im Rahmen des bestehenden Produktions- und Vermarktungssystems in Pakistan sind Hygienemaßnahmen und prophylaktische Impfungen zwei praktikable Optionen zur Bekämpfung der PPR in diesem Land. Die Bekämpfung grenzüberschreitender Tierkrankheiten erfordert jedoch einen regionalen Ansatz, der sowohl die Verbringung von Tieren innerhalb der Grenzen als auch über die Grenzen hinweg berücksichtigt. Die grenzüberschreitende Verbringung von Tieren spielt eine wesentliche Rolle bei der Ausbreitung dieser Bedrohung. Ali (2004) berichtete, dass die Verbringung von Tieren über die Grenze zu Indien, Iran und Afghanistan eine entscheidende Rolle bei der Ausbreitung der Krankheit unter der anfälligen Bevölkerung spielt.

Nur wenige Mitarbeiter haben versucht, Basisdaten über das Auftreten von PPR in Pakistan zu sammeln und zu dokumentieren. Daher gibt es immer noch Lücken im epidemiologischen Wissen über PPR, um ein umfassendes Programm zur Bekämpfung dieser Bedrohung im Land zu entwickeln. Bevor ein Bekämpfungsprogramm gestartet werden kann, ist es zwingend erforderlich, die Pathogenese und das Übertragungsmuster von PPRV unter Feldbedingungen zu verstehen und die molekulare und genetische Charakterisierung der PPR-Viren im Feld zu erforschen, um einen Einblick in das genetische Bild der unter den kleinen Wiederkäuern des Landes zirkulierenden PPRV zu erhalten.

Vor diesem Hintergrund wurde die vorliegende Studie konzipiert, um einen Einblick in die molekulare Epidemiologie der PPR in diesem Land zu erhalten, wobei folgende Ziele verfolgt wurden

- Untersuchung der Dynamik der PPR-Virusinfektion durch Ausbruchsuntersuchungen und genetische Charakterisierung von PPRV

- Durchführung der Sero-Epidemiologie und Bestimmung der räumlichen Verteilung von PPR in Pakistan

- Untersuchung der Persistenz und Übertragung des PPR-Virus mit molekularen Instrumenten unter Feldbedingungen

II. ÜBERPRÜFUNG DER LITERATUR

"Krankheiten, die extrem ansteckend sind und epidemischen Charakter haben, werden als grenzüberschreitende Tierkrankheiten (TAD) definiert, die sich wahrscheinlich schnell und unabhängig von nationalen Grenzen verbreiten. Aus diesem Grund können TADs schwerwiegende sozioökonomische und möglicherweise gesundheitliche Folgen haben" (FAO, 2013). Aufgrund ihres weltweiten Auftretens und ihrer Verbreitung in verschiedenen Populationen können TADs eine große Bedrohung für die Ernährungssicherheit und den internationalen Handel darstellen (Domenech, 2006). Kleine Wiederkäuer (Schafe und Ziegen) sind vor allem für die armen und landlosen Landwirte in den Entwicklungsländern sehr wichtige Tiere. Die Bereitstellung wissenschaftlicher Erkenntnisse zur Bekämpfung einer Krankheit wie PPR, die sich negativ auf das Leben der kleinen Wiederkäuer auswirkt, war daher ein wichtiges Ziel der aktuellen Studie.

Die Peste des Petits Ruminants (PPR) ist eine wichtige Tierseuche, eine extrem ansteckende Viruserkrankung, die kleine Wiederkäuer sowohl in Haushalten als auch in freier Wildbahn befällt. Die Weltorganisation für Tiergesundheit (OIE) hat diese Krankheit in die Liste der meldepflichtigen Krankheiten aufgenommen (Murphy und Parks, 1999). Schafe und Ziegen können durch eine Impfung gegen die PPR-Krankheit geschützt werden, die jedoch nur dann wirksam ist, wenn sie vor der Exposition gegenüber der Krankheit oder bei einem subklinischen Infektionsniveau durchgeführt wird (Abegunde, 1983). Nig/75/1, ein homologer monovalenter, abgeschwächter Lebendimpfstoff, wird zur Immunisierung von Tieren gegen PPR verwendet. Eine einzige Dosis des PPR-Impfstoffs induziert Immunität und schützt für mindestens drei Jahre (Zahur et al., 2013).

II.1. Historischer Hintergrund

Zum ersten Mal wurde PPR während des 2nd Weltkriegs in der Elfenbeinküste, West Afrika (Gargadennec und Lalanne, 1942). Seitdem hat die Krankheit verschiedene Namen wie Kata, Pseudo-Rinderpest, Pneumoenteritis-Komplex und Stomatitis-Pneumoenteritis-Syndrom erhalten (Braide, 1981). Später wurde PPR in Nigeria, Senegal und Ghana gemeldet, weshalb man glaubte, sie sei auf den afrikanischen Kontinent beschränkt. 1972 wurde jedoch eine Rinderpest-ähnliche Erkrankung von Ziegen im Sudan gemeldet, die nach einer Untersuchung als PPR bestätigt wurde (Diallo et al., 1988). Im Frühstadium der Krankheit wurden viele Fälle fälschlicherweise als Rinderpest diagnostiziert, obwohl es sich in Wirklichkeit um das PPR-Virus handeln könnte. Später, mit dem Auftreten der Krankheit in anderen Teilen West- und Südasiens (Shaila et al., 1996), wuchs das Bewusstsein und die Bedeutung der Krankheit wurde besser verstanden. PPR wurde aufgrund ihrer Diversifizierung, ihrer wirtschaftlichen Auswirkungen (Lefevre und Diallo, 1990) und einiger Hindernisse, die sie bei der weltweiten Ausrottung der Rinderpest verursachte, wichtig (Couacy-Hymann et al., 2002).

II.2. Verursachender Faktor

Morbillivirus-Infektionen stellen seit Jahrhunderten eine große Bedrohung für Mensch und Tier dar, da sie ansteckend sind und einige der verheerendsten Krankheiten weltweit verursachen (Murphy und Parks, 1999).

Dazu gehören das Masernvirus (MV), das Hundestaupevirus (CDV), das Staupevirus der Phociden (PDV), das Morbillivirus der Wale (CMV) (Barrett und Rima, 2002; Barrett et al., 2003; McCullough et al., 1991), das Rinderpestvirus (RPV) und das Peste des Petits Ruminants Virus (PPRV).

Früher wurde das PPR-Virus als eine Variante des Rinderpestvirus angesehen. Durch die Entwicklung spezifischer und empfindlicher molekularer und serologischer Techniken konnten RP und PPR jedoch leicht unterschieden werden. Jetzt können diese Viren genetisch, antigenisch und serologisch unterschieden werden. Das PPR-Virus erwies sich auch als immunologisch vielfältiges Virus mit einer separaten Epizootologie in Gebieten, in denen beide Viren enzootisch waren (Taylor und Abegunde, 1979a). Die Entwicklung monoklonaler Antikörper auf ELISA-Basis, spezifischer Nukleinsäuresonden für Hybridisierungsstudien und die Nukleinsäuresequenzierung haben bestätigt, dass sich PPRV ziemlich deutlich von RPV und anderen Viren unterscheidet (Diallo et al., 1989).

II.2.1. Virales Genom

PPRV ist ein Mitglied der Gattung der Morbilli-Viren in der Familie der Paramyxoviridae (Gibbs et al., 1979). Andere Mitglieder dieser Gattung haben die gleiche Genomorganisation, aber ihre RNA-Längen unterscheiden sich leicht (Barrett, 1993; Barrett und Rima, 2002). Morbilli-Viren weisen wie andere Mitglieder der Paramyxoviridae lipidumhüllte pleomorphe Partikel mit einem schraubenförmigen Nukleokapsid auf, das Heringsknochen ähnelt. (Gibbs et al., 1979). Es handelt sich um lineare, nicht segmentierte, einzelsträngige RNA-Viren mit negativem Sinn, deren Genom 15-16 kb lang ist (Norrby und Oxman, 1990). Bei PPRV schwankt der Durchmesser zwischen 150 und 700 nm, mit einem Mittelwert von 500 nm (Durojaiye et al., 1985; Laurent und Vautier, 1968).

Die Genomsequenzen von RPV (Baron und Barrett, 1995), CDV (Barrett, 1991) und PPRV (Bailey et al.,

2005) wurden in voller Länge sequenziert, und die Daten sind online verfügbar. Diese Sequenzalignment-Daten zeigten eine hohe prozentuale Identität zwischen den Genomen in voller Länge, so dass festgestellt wurde, dass die Morbilli-Viren eine identische Genomorganisation haben (Barrett, 1991). Im Allgemeinen war das Genom der Morbilli-Viren in sechs ansteckende, nicht überlappende Transkriptionseinheiten gegliedert.

Die Transkriptionseinheiten kodieren Strukturproteine, nämlich das Nukleokapsid (N), das Phosphoprotein (P), die Matrix (M), das Fusionsprotein (F), das Hämagglutinin (H) und das große Protein (L) (Barrett, 1999; Baron und Barrett, 1995; Diallo, 1990). Zusätzlich zu diesen sechs Einheiten kodieren alle Morbilliviren für zwei nicht-strukturelle Proteine (V und C), die nachweislich eine entscheidende Rolle bei der Infektion spielen, indem sie die zelluläre Immunantwort auf die Infektion modifizieren (Gotoh et al., 2001).

II.3. Geografische Verteilung

PPR ist eine der wichtigsten Schaf- und Ziegenkrankheiten und ist in Ländern zwischen der Sahara und dem Äquator in Afrika, dem Nahen Osten und dem indischen Subkontinent endemisch (Amjad et al., 1996; Lefevre und Diallo, 1990; Roeder et al., 1994; Taylor et al., 1990). PPR war ursprünglich in Westafrika endemisch, verbreitete sich aber später über Ostafrika, den Nahen Osten, Südasien (Shaila et al., 1996) und die Türkei (Ozkul et al., 2002). PPR wurde auch aus Tadschikistan gemeldet, was das Vorkommen der Krankheit in Zentralasien belegt (Kwiatek et al., 2007).

Viele afrikanische Länder waren von der PPR-Infektion betroffen, insbesondere die Länder zwischen Atlantik und Rotem Meer. Die serologischen Tests ergaben, dass die Krankheit auch in anderen zentralasiatischen Ländern wie Kasachstan vorkommt (Lundervold et al., 2004). Berichte aus verschiedenen Teilen Chinas zeigten ebenfalls das Auftreten der PPR-Krankheit (Wang et al., 2009). Der bemerkenswerte Anstieg der weltweiten Inzidenz von PPR-Ausbrüchen in den letzten Jahren (Nanda et al., 1996; Ozkul et al., 2002; Shaila et al., 1996; Abubakar et al., 2015; Parida et al., 2015) deutet auf einen Trendwechsel bei der Übertragung der Krankheit hin (Abubakar et al., 2012). Serologische und klinische Nachweise bestätigen das Vorhandensein von PPR in vielen anderen Ländern, in denen die Krankheit nicht bekannt ist. Das PPR-Virus wurde aus verschiedenen Teilen der Welt isoliert, z. B. aus Nigeria (Taylor und Abegunde, 1979a), dem Sudan (El Hag Ali und Taylor, 1988), Saudi-Arabien (Abu-Elzein et al., 1990), Indien (Nanda et al., 1996; Shaila et al., 1989), der Türkei (Ozkul et al., 2002) und in Äthiopien (Abraham et al., 2005). In ähnlicher Weise wurde das

Vorhandensein zirkulierender Viren durch serologische Analysen in Syrien, Niger, Indien, der Türkei, Jordanien, Pakistan, Äthiopien (Roeder et al., 1994) und Eritrea (Sumption, 1998) bestätigt.

Die genetische Verwandtschaft zwischen PPR wurde durch Sequenzanalyse von F-Protein-Genen aus verschiedenen geografischen Gebieten bestimmt (Dhar et al., 2002; Shaila et al., 1996). Bisher wurden vier PPR-Stämme identifiziert. Die Stämme 1 und 2 wurden ausschließlich in Westafrika gefunden. Die Linie 1 umfasst Viren, die in den 1970er Jahren in Afrika isoliert wurden (Nigeria/1975/1, Nigeria/1975/2, Nigeria/1975/3, Nigeria/1976/1 und senegalesischer Stamm). Die Linie 2 umfasst Viren, die in den späten 1980er Jahren in Westafrika (Elfenbeinküste und Guinea) isoliert wurden. Die Linie 2 konnte aufgrund der geografischen Hindernisse des Ozeans nicht in asiatische Länder übertragen werden und ist daher nur in Afrika verbreitet (Abraham et al., 2005).

In ostafrikanischen Ländern wie Äthiopien wurde das Lineage-3-Virus gefunden, das sich über Arabien und Südindien ausbreitet. Der letzte Bericht über die Isolierung von Viren der Linie 3 in Indien stammt aus dem Jahr 1992 aus Tamil Nadu. Isolate aus dem Sudan (Diallo et al., 1988) und Äthiopien (Roeder et al., 1994) haben jedoch das Vorhandensein von Viren der Linie 3 in diesen Regionen gezeigt. Die Linie 4, die am engsten mit der Linie 1 aus Afrika verwandt ist, wurde in der jüngsten Vergangenheit als Verursacher von PPR-Infektionen bekannt. Es ist bekannt, dass Virusisolate aus Bangladesch/1993, Israel/1994, Iran/1994, Nepal/1995, Indien (Shaila et al., 1996), Pakistan (Amjad et al., 1996) und der Türkei (Ozkul et al., 2002) zur Linie 4 gehören. Balamurugan et al. (2010) berichteten, dass in Indien seit dem ersten Auftreten der Krankheit nur PPRV der Linie 4 im Umlauf ist.

II.4. Epidemiologie
II.4.1. Übertragung

Durch direkten Kontakt zwischen infizierten und empfänglichen Tieren kann die PPR-Krankheit aufgrund ihrer hohen Ansteckungsfähigkeit übertragen werden, insbesondere bei Nomadenherden, die häufig mit der lokalen Bevölkerung in Kontakt kommen und sich infizieren können und umgekehrt (Shankar, 1998). Da Tiere, die mit Nomaden umherziehen, eine wichtige Rolle bei der Übertragung und Aufrechterhaltung des PPR-Virus spielen können, kann der Kauf infizierter Tiere von ihnen und ihre Einführung in naive Herden als Eintrittspforte für die Krankheit dienen. Darüber hinaus kann es in Zeiten begrenzter Futterverfügbarkeit und

Nährstoffmangels zu einer erhöhten Infektionsanfälligkeit kommen, die eine Schlüsselrolle bei der Übertragung und Aufrechterhaltung des Virus während des ganzen Jahres spielt. Während des fieberhaften Stadiums der Infektion kann das Tier eine potenzielle Quelle der Krankheitsübertragung sein (Braide, 1981). Die Ausscheidungen aus Augen, Nase, Mund und losem Kot enthalten große Mengen des Virus. Auch Aerosole spielen eine wichtige Rolle bei der Übertragung des Virus auf empfängliche Tiere an einem bestimmten Ort (Bundza et al., 1988; Taylor, 1984). Neben engem oder direktem Kontakt sind kontaminiertes Wasser, Futtertröge und Einstreumaterialien eine weitere Quelle der Virusübertragung. Das Virus hat jedoch die physikalische Eigenschaft, dass es außerhalb des Wirtes nicht lange überleben kann.

II.4.2. Host-Bereich

Natürliche Wirte für PPR sind Ziegen und Schafe. Ziegen scheinen im Vergleich zu Schafen anfälliger für die Krankheit zu sein, da den Berichten zufolge die klinische Erkrankung bei Ziegen schwerer verläuft als bei Schafen. Schafe sind relativ resistent gegen PPR, was möglicherweise auf ihre genetische Veranlagung zurückzuführen ist. Dies könnte der Grund dafür sein, dass in einigen Berichten Schafe, die in unmittelbarer Nähe zu infizierten Ziegen lebten, sogar nicht erkrankten (Lefevre und Diallo, 1990). Wenn Schafe infiziert sind, erleiden sie nur selten eine schwere klinische Erkrankung (El Hag Ali und Taylor, 1988; Roeder et al., 1994), doch wurde in einigen Gebieten auch eine hohe Sterblichkeit bei Schafen aufgrund von PPR beobachtet. Dies kann durch Feldstämme verursacht werden, die die angeborene Immunität der Schafe überwinden können und zu einer hohen Sterblichkeit führen. Die Anfälligkeit für Infektionen hängt auch von der Rasse ab. So wurden beispielsweise die guineischen Rassen (Westafrikanischer Zwerg, Iogoon, Kindi und Djallonke) als sehr anfällig eingestuft (Lefevre und Diallo, 1990). Auch das Alter der Tiere ist ein wichtiger Risikofaktor für die PPR, wobei Tiere im Alter von 3-18 Monaten in der Regel stärker betroffen sind als erwachsene Tiere und nicht abgesetzte Jungtiere. Aus einigen Berichten geht jedoch hervor, dass Schafe und Ziegen gleichermaßen betroffen sind (Shaila et al., 1989). Al-Majali (2008) berichtete, dass die Prävalenz von PPRV bei Schafen und Ziegen in Jordanien 29 bzw. 49 % betrug, während Abraham et al. (2005) das Gegenteil behaupteten und berichteten, dass PPR-Antikörper bei Ziegen 9 % und bei Schafen 13 % ausmachten. Dieser Unterschied in der Seroprävalenz ist also auch ein Hinweis auf die oben genannten Berichte über die Unterschiede in der klinischen Krankheit bei Schafen und Ziegen.

Aus mehreren Berichten geht hervor, dass die PPR nicht nur bei Schafen und Ziegen, sondern auch bei anderen Tierarten vorkommt, z. B. bei Ziegenhuftieren und dem amerikanischen Weißwedelhirsch (Odocoileus virginianus) (Hamdy und Dardiri, 1976). Die PPR-Krankheit wurde auch bei Mufflonschafen (Ovis orinetalis) (OIE, 2000) und bei Sindh Ibex (Capra aegagrusblythi) gemeldet (Abubakar et al., 2011). Die PPR-Krankheit wurde auch bei Gazellen und Hirschen (Abu-Elzein et al., 1990), Antilopen (Elzein et al., 2004) und anderen Wildtieren wie Dorcas-Gazellen (Gazella dorcas), Nubischen Steinböcken (Capra ibex nubiana), Laristan-Schafen (Ovis orientalis laristani), Edelsteinböcken (Oryx gazella) und Nigale (Tragelaphinae) festgestellt. PPR-Antikörper wurden auch bei anderen Haustierarten wie Rindern, Büffeln (Khan et al., 2008), Schweinen und Kamelen (Ismail et al., 1995; Roger et al., 2001) nachgewiesen, aber diese Tiere zeigen keine Krankheitsanzeichen und -symptome und können die Krankheit nicht auf andere empfängliche Tiere übertragen (Khan et al., 2008). In früheren Studien wurde interessanterweise festgestellt, dass diese Begleittiere eine milde Infektion durchmachen, die zur Bildung von Antikörpern führt, die sie vor einer späteren Infektion mit dem virulenten Stamm der Rinderpest schützen (Gibbs et al., 1979; Taylor, 1984). Rinder und Büffel wurden serologisch positiv auf PPR getestet, was auf ihre enge Interaktion mit Schafen und Ziegen zurückzuführen sein könnte und ein Hinweis auf eine subklinische Infektion ist (Abraham et al., 2005; Khan et al., 2008).

II.4.3. Krankheitsbild

Wie bereits erwähnt, sind Ziegen im Vergleich zu Schafen in der Regel sehr anfällig für klinische Erkrankungen. Die epidemiologischen Muster und Ergebnisse der Krankheit sind aufgrund der unterschiedlichen ökologischen Systeme in den verschiedenen geografischen Regionen sehr unterschiedlich. Früher wurden Haus- und Wildwiederkäuer auf dem indischen Subkontinent auf freilaufenden Weiden, Sträuchern und in Wäldern gehalten, doch aufgrund des anhaltenden Rückgangs der verfügbaren Weide- und Waldflächen müssen diese Tiere während der Trockenzeit auf der Suche nach Futter und Wasser weite Strecken zurücklegen (Nanda et al., 1996). Die Bewegung dieser Tiere und ihre Interaktion mit einheimischen Tieren bestimmen das Muster der PPRV in solchen geografischen Gebieten. Im Vergleich dazu tritt PPR in feuchten Gebieten meist in Form von Epizootien auf; die schwerwiegende Folgen haben können und zu einer Morbidität von 80-90 % bzw. einer Mortalität von 50-80 % führen (Lefevre und Diallo, 1990). In trockenen und halbtrockenen Gebieten hingegen ist die PPR weniger tödlich und tritt in der Regel als subklinische Infektion auf, die andere Infektionen wie die Pasteurellose und andere Viruserkrankungen begünstigen kann (Lefevre und Diallo, 1990).

Der Rückgang der mütterlichen Antikörper (Saliki et al., 1993) führt zu einer größeren Anfälligkeit von Neugeborenen im Alter von 3 bis 4 Monaten für PPRV-Infektionen (Srinivas und Gopal, 1996). Aus Berichten über serologische Daten geht hervor, dass Antikörper in allen Altersgruppen zwischen 4 und 24 Monaten vorkommen, was ein deutlicher Hinweis auf eine ständige Verbreitung des Virus in allen Altersgruppen ist (Taylor und Abegunde, 1979a). Eine hohe Morbidität von 90 % und eine Mortalität von 70 % wurde in allen Altersgruppen aus Saudi-Arabien berichtet (Abu-Elzein et al., 1990). Das PPR-Virus gilt auch als Auslöser von Aborten bei trächtigen Tieren (Abubakar et al., 2008). Die Morbidität und Mortalität aufgrund von PPR kann mit dem Alter des Tieres, der Rasse, der Spezies, dem Geschlecht und dem Fehlen von kolostralen PPR-Antikörpern bei Jungtieren in Verbindung gebracht werden. Einige wenige Berichte besagen, dass Schafe resistenter gegen PPR sind als Ziegen (Khan et al., 2007), während andere dieser Behauptung widersprechen (Diallo, 2002; Lefevre und Diallo, 1990; Shaila et al., 1989; Shaila et al., 1996; Taylor et al., 2002).

II.4.4. Saisonales Auftreten

Einige klimatische Faktoren können zum saisonalen Auftreten von PPR-Ausbrüchen beitragen. Wenn während der Regenzeit (Juni bis September) ausreichend Futter zur Verfügung steht, ist eine geringere Abwanderung der Tiere zu beobachten; beide Faktoren führen zu einem Rückgang der PPR-Ausbrüche. Zweitens bietet eine bessere Ernährung auch eine bessere Immunität gegen PPR, so dass weniger PPR-Fälle zu verzeichnen sind. Es wurden jedoch mehr PPR-Ausbrüche aus Westafrika gemeldet, die mit der feuchten Regenzeit in Zusammenhang stehen (Opasina und Putt, 1985). Auch die Häufigkeit der PPR-Krankheit nimmt ab Dezember zu und erreicht im März ihren Höhepunkt, so dass angenommen wird, dass schlechte Ernährung zusammen mit trockenem, kaltem und staubigem Wetter (Dezember bis Februar) zur Ausbreitung der PPR beitragen (Durojaiye et al., 1983; Obi und Patrick, 1984b).

II.4.5. Klinische Manifestationen

Die PPR-Krankheit ist eine akute fiebrige Viruserkrankung bei Ziegen und Schafen. Die wichtigsten klinischen Merkmale der PPR sind Fieber, Nasen- und Augenausfluss, Atembeschwerden, erosive

Schleimhautläsionen, Durchfall und in 40-80 % der akuten Fälle der Tod. Alle diese klinischen Anzeichen ähneln der Rinderpest, die hauptsächlich Rinder und Büffel befällt, mit Ausnahme der respiratorischen Symptome. (Diallo et al., 1995). Abgesehen von diesen Symptomen treten auch mukopurulenter Nasen- und Augenausfluss, Stomatitis, Enteritis und Lungenentzündung auf (Ismail et al., 1995) und sind in den meisten Berichten über PPR zu finden (Bundza et al., 1988; Hamdy und Dardiri, 1976; Lefevre, 1987; Obi et al., 1983; Ozkul et al., 2002; Roeder et al., 1994; Roeder und Obi, 1999; Taylor, 1984). Die Virusvermehrung erfolgt in den Lymphknoten des Oropharynx mit einer Inkubationszeit von 3 bis 4 Tagen, und dann erfolgt die Virämie über Blut und Lymphe und gelangt in andere Gewebe und Organe. Eines der Hauptzielorgane ist die Lunge, die stark befallen wird und eine Lungenentzündung verursacht. Zu den häufigsten akuten Anzeichen gehören ein plötzlicher Anstieg der Körpertemperatur, die in der Regel 39,5 - 41^0 C beträgt und 5 - 8 Tage lang hoch bleibt, sowie eine Rückkehr zu normalen oder subnormalen Werten vor der Genesung oder dem Tod.

Es kommt zu serösem Nasenausfluss, der in späteren Stadien der Krankheit mukopurulent wird und die Nasenlöcher verstopfen kann. Bei der Atmung des Tieres kann es zu Schaukelbewegungen kommen, wobei sich Brust- und Bauchwände bewegen. Schwer betroffene Tiere geben bei der Atmung Geräusche von sich, die durch eine Streckung von Kopf und Hals, eine Erweiterung der Nasenlöcher, ein Hervortreten der Zunge und einen weichen, schmerzhaften Husten gekennzeichnet sind. Es kommt zu Augenausfluss, der zu einer Verfilzung der Augenlider führt. Nach zwei bis drei Tagen der Infektion kommt es zu einer Rötung der Mund- und Augenschleimhäute. Auf dem Epithel des Zahnfleischs, des Zahnfleisches, des Gaumens, der Lippen, der Innenseite der Wangen und der Oberseite der Zunge zeigen sich kleine, punktförmige, gräuliche, nekrotische Stellen. Die Innenauskleidung des Mundes ist blass und mit abgestorbenen Zellen bedeckt. Dickes käsiges Material kann die normale Mundschleimhaut verdunkeln. Schlecht riechende Fetzen von Epithelgewebe können durch sanftes Reiben mit dem Finger über das Zahnfleisch und den Gaumen gewonnen werden (Braid, 1981).

Etwa zwei bis drei Tage nach dem Auftreten des Fiebers kann auch Durchfall auftreten, der jedoch in frühen oder leichten Fällen möglicherweise nicht auffällt. Tiere mit schwerem Durchfall können schließlich dehydriert werden, wobei das klinische Symptom der eingesunkenen Augäpfel auftritt, woran sie innerhalb von sieben bis zehn Tagen nach Auftreten der klinischen Krankheitszeichen sterben. In anderen Fällen können sich die Tiere nach einer längeren Rekonvaleszenz erholen. Die perakute Form der Erkrankung tritt bei Ziegen häufiger auf und führt zum plötzlichen Tod, während bei der subakuten und chronischen Form die Symptome erst 10-15 Tage nach der Infektion auftreten (Dhar et al., 2002).

Es gibt Hinweise darauf, dass bei Ausbrüchen von PPR Aborte auftreten können. Abubakar et al. (2007) berichteten, dass PPR bei trächtigen Ziegen zu Aborten führen kann, und stellten ein mögliches Risiko von PPR und Aborten in Feldsituationen fest. Sie erklärten auch, dass Aborte in jedem Stadium der Trächtigkeit auftreten können, wenn das Tier mit dem PPR-Virus infiziert ist.

II.5. Pathologie
II.5.1. Pathogenese

Die Vermehrung des Virus findet hauptsächlich im lymphatischen Gewebe statt. Lymphopenie und Immunsuppression treten meist in der akuten Phase der Krankheit auf, was bei den betroffenen Tieren zu sekundären und opportunistischen Infektionen führt (Murphy und Parks, 1999). Läsionen treten vor allem im Verdauungs- und Atmungssystem auf, können aber auch in anderen Systemen zu finden sein. PPRV ist wie andere Morbilli-Viren lymphotrop und epitheliotrop (Scott, 1981) und führt daher zu den schwersten Läsionen in Organsystemen, die reich an lymphatischem und epithelialem Gewebe sind. Der Respirationsweg ist wahrscheinlich die Eintrittspforte. Nach dem Eindringen lokalisiert sich das Virus hauptsächlich in den Lymphknoten des Rachens und des Unterkiefers sowie in den Tonsillen. Die Virämie entwickelt sich in der Regel 2-3 Tage nach der Infektion und 1-2 Tage vor dem Auftreten der ersten klinischen Symptome. Später führt die Virämie zu einer Ausbreitung des Virus auf Milz, Knochenmark und Schleimhäute des Magen-Darm-Trakts und vor allem auf das Atmungssystem (Scott, 1981). Die betroffenen Tiere zeigen Lymphozytopenie, einen erhöhten PCV-Wert (über 60 %, während der normale Wert bei 35-45 % liegt), eine sehr hohe Erythrozytenzahl, während der Hämoglobinwert bei normalen weißen Blutkörperchen liegt (Furley et al., 1987). Bei der subakuten Form der Krankheit werden auch kleine knotige Läsionen außerhalb der Lippen und um die Schnauze herum beobachtet.

II.5.2. Post-Mortem-Befunde

Neben den klinischen Symptomen sind die charakteristischen Nekropsie-Läsionen das Hauptunterscheidungsmerkmal der PPR. Der Schlachtkörper eines erkrankten Tieres ist in der Regel abgemagert und die Augäpfel scheinen eingesunken zu sein. Die Hinterviertel sind mit Kot verschmutzt.

Augen und Nase enthalten in der Regel eingetrocknete Ausscheidungen. Die Lippen können geschwollen sein und in späteren Stadien kann es zu erosivem Schorf kommen. Die Nasenhöhle ist verstopft (gerötet) und mit klaren oder cremegelben Exsudaten und Erosionen ausgekleidet. Erosionen können am Zahnfleisch, am weichen und harten Gaumen, an der Zunge, den Wangen und in der Speiseröhre beobachtet werden. Die Lunge erscheint lungengängig und weist dunkelrote oder violette Farbflecken auf. Die befallenen Lungen sind von fester Konsistenz, vor allem in den vorderen und kardialen Lappen. Auch der Magen-Darm-Trakt ist aufgrund entzündlicher und nekrotischer Läsionen im Mund und im gesamten Magen-Darm-Trakt stark betroffen (DEFRA, 2005). Erosionen in der Mundhöhle sind ein auffälliges Merkmal, das zu einer erosiven Stomatitis im Inneren der Unterlippe und des angrenzenden Zahnfleischs führt. Aus Erosionen an Pansen- und Labmagenpfeilern tritt häufig Blut aus. In geringem Maße ist auch der Dünndarm betroffen. Schwere Geschwüre können durch die ausgedehnte Nekrose der Peyerschen Flecken verursacht werden (Saliki, 1998). Eine Verstopfung wird im Dickdarm um die Illiozökalklappe, an der cecocolischen Kreuzung und im Rektum beobachtet (DEFRA, 2005). Die pathognomonische Läsion, die "Zebrastreifen" (diskontinuierliche Streifen der Verstopfung), erscheinen im hinteren Teil des Dickdarms und des Rektums und auf den Kämmen der Schleimhautfalten. Die nekrotisierenden und ulzerierenden Läsionen im Magen-Darm-Trakt sind also das wichtigste pathologische Merkmal der PPRV (Roeder et al., 1994).

Pleuritis und Hydrothorax können aufgrund von Petechienblutungen und kleinen Erosionen entstehen, die an Nasenschleimhaut, Kehlkopf und Luftröhre sichtbar werden können (Saliki, 1998). Die Bronchopneumonie beschränkt sich in der Regel auf die antero-ventralen Bereiche und ist durch Konsolidierung und Atelektase gekennzeichnet. Singh et al. (1996) berichteten, dass hämorrhagische Gastroenteritis, gelegentliche Blinddarmgeschwüre und Lungenentzündung immer die postmortalen Läsionen von PPRV sind. In solchen Fällen erscheint die Milz leicht vergrößert und verstopft. Die Lymphknoten werden weich, geschwollen, verstopft und ödematös. In einigen Fällen kann auch eine erosive Vulvovaginitis auftreten.

II.5.3. Histopathologie

Der histopathologische Aspekt der PPR-Virusinfektion in verschiedenen Organen wurde im Zusammenhang mit den klinischen Anzeichen und Symptomen untersucht. Die Ergebnisse früherer Studien zeigten merkwürdige Ergebnisse, d. h. in einigen Fällen konnte es zu einem schweren Befall des Atmungssystems mit leichter Beteiligung des Verdauungssystems kommen. Die histopathologischen Untersuchungen ergaben außerdem eine umfangreiche Beteiligung von Lunge, Lymphknoten, Milz, Darm und Leber in absteigender Reihenfolge des Schweregrads. PPRV verursacht Epithelnekrosen der Schleimhäute des Verdauungstrakts und der Atemwege, außerdem wurden intrazytoplasmatische und intrakernige Einschlusskörperchen festgestellt.

Mehrkernige Riesenzellen (Synzytien) können in allen befallenen Epithelien und in den betroffenen Lymphknoten beobachtet werden (Brown et al., 1991). In den Hauptorganen des Immunsystems wie Milz, Tonsillen und Lymphknoten kommt es zur Nekrose von Lymphozyten, was durch pyknotische Kerne und Karyorrhexis belegt wurde (Rowland et al., 1971). Brown et al. (1991) wendeten immunhistochemische Methoden an, um virales Antigen im Zytoplasma und in den Kernen von Tracheal-, Bronchial- und Bronchioepithelzellen, Pneumozyten, Synzytia-Zellen und Alveolarmakrophagen nachzuweisen.

Dünndärme sind verstopft, mit Blutungen in der Schleimhaut und einigen Erosionen der Schleimhäute. Dickdärme (Blinddarm, Dickdarm und Mastdarm) weisen kleine rote Blutungen entlang der Falten der Schleimhaut auf, die sich im Laufe der Zeit verdunkeln und bei verwesten Schlachtkörpern sogar grün/schwarz werden können (Abraham et al., 2005).

II.6. Diagnose

Typische epidemiologische Merkmale in Verbindung mit klinischen Symptomen sind für die Diagnose von PPR hilfreich. Eine Differenzialdiagnose auf der Grundlage der klinischen Symptome ist möglicherweise nicht möglich, da diese auch bei vielen anderen ähnlichen Krankheiten auftreten können. Die Differentialdiagnose muss unter Berücksichtigung des Krankheitsmusters und -verhaltens gestellt werden. Daher ist eine Laborbestätigung dringend erforderlich, die durch Virusisolierung, Histopathologie der betroffenen Organe und Elektronenmikroskopie erfolgen kann. Die Diagnose von PPR kann auch durch den Nachweis viraler Antigene und spezifischer Antikörper im Serum gestellt werden.

Welche diagnostischen Tests zur Bestätigung von PPR eingesetzt werden, hängt vom Niveau, den Fähigkeiten und den Ressourcen des Labors ab. Die nützlichen Tests zur Laborbestätigung von PPR sind der Agargel-Immundiffusionstest (AGID), die Counter-Immuno-Elektrophorese (CIEP), der Immuno-Capture-ELISA (IcELISA) und die reverse Transkriptions-Polymerase-Kettenreaktion (RT-PCR). PPR-Antikörper können entweder durch Kreuzvirus-Serumneutralisationstests, den kompetitiven ELISA (cELISA) mit monoklonalen Antikörpern (Anderson et al., 1991) oder durch differenzielle immunhistochemische Färbung (Saliki et al.,

1994a) unterschieden werden.

II.6.1. Virus-Isolierung

Im akuten Fieberstadium, wenn die klinischen Symptome noch vorhanden sind, kann die Virusisolierung innerhalb von 10 Tagen nach Fieberbeginn durchgeführt werden. Abstriche vom Auge (Bindehautsack), Nase, Mund, Rektum und Vollblut (mit EDTA-Antikoagulans) können zur Isolierung verwendet werden. Auch Lymphknoten- oder Milzbiopsien können für die Virusisolierung in Betracht gezogen werden. Bei lebenden Tieren ist Vollblut die Probe der Wahl, wenn sie während der fiebrigen Phase der Krankheit zur Virusisolierung entnommen wird (Lefevre, 1987). Bei toten Tieren können frische Proben von Milz, Lymphknoten und betroffenen Abschnitten der Schleimhaut des Verdauungstrakts zur Virusisolierung entnommen werden. Die am häufigsten verwendeten Zellkultursysteme sind primäre Lammnieren (Taylor, 1984), Schafshaut (Gilbert, 1962; Laurent und Vautier, 1968; Taylor und Abegunde, 1979b) und Vero-Zellen (Hamdy und Dardiri, 1976). Vero-Zellen werden jedoch aufgrund ihrer Kontinuität und geringen Kontaminationsanfälligkeit bevorzugt und häufig verwendet. MDBK, BHK-21 und andere kontinuierliche Zelllinien sind ebenfalls in der Lage, PPRV zu vermehren (Lefevre, 1987). Die von PPRV in Vero-Zellen hervorgerufenen zytopathischen Effekte (CPE) zeigen sich durch das Vorhandensein von Riesenzellen, Zellrundungen, die Bildung typischer traubenartiger Cluster und kleiner Synzytien, die wie Spindelzellen angeordnet sein können (Hamdy und Dardiri, 1976). Wie bei anderen Morbilliviren sind die von PPRV produzierten Einschlusskörperchen eosinophil, intrazytoplasmatisch und intranukleär, sowohl in Primärzellen (Laurent und VAUTIER, 1968) als auch in kontinuierlichen Zelllinien (Hamdy und Dardiri, 1976). PPRV-Zellkulturisolate können durch Inokulation bei Schafen und Ziegen bestätigt werden, bei denen sich klinische Symptome zeigen. Rinder sind zur Bestätigung von Zellkulturisolaten nicht geeignet, da sie bei Rindern keine Krankheitsanzeichen hervorrufen können (Gibbs et al., 1979). PPRV wird sowohl von PPR- als auch von RPV-Referenzseren neutralisiert (Taylor und Abegunde, 1979a).

II.6.2. Methoden zum Antigennachweis

II.6.2.1. Agargel-Immunodiffusionstest

Der Agargel-Immun-Diffusionstest (AGID) wurde häufig zur Bestätigung des PPR-Antigens verwendet (Abraham et al., 2005; Obi und Patrick, 1984a). Mit diesem Verfahren können sowohl das Antigen als auch die Antikörper getestet werden, und die Ergebnisse können innerhalb von 4-6 Stunden mit PPR-Hyperimmunserum erzielt werden (Obi, 1984). Dieser Test kann Ergebnisse mit einer Spezifität von 92 % liefern, wie von Diallo et al. (1995) ermittelt.

II.6.2.2. Gegen-Immuno-Elektrophorese

Die von Obi und Patrick (1984b) vorgestellte Counter-Immunoelektrophorese (CIEP) besteht aus einem Glasobjektträger, der mit einem Pufferbehälter und elektrischem Strom verbunden ist. Danach wurden von Tahir et al. (1998) U-förmige Röhrchen verwendet. Die CIEP funktioniert nach demselben Prinzip wie die AGID, nur dass zur Erhöhung der Empfindlichkeit ein elektrisch geladenes Gel verwendet wird. (Durojaiye und Taylor, 1984) bestimmten ebenfalls die Serologie von PPR mit einer ähnlichen Methode, d.h. Gegenstrom-Immun-Elektro-Osmophorese.

II.6.2.3. Immuno-capture enzyme linked immune-sorbent assay (IcELISA)

PPRV-verdächtige Proben wie Augen- und Nasenabstriche werden routinemäßig durch Immunocapture-ELISA (Sandwich-ELISA) diagnostiziert (Diallo et al., 1995). Der Sandwich-ELISA auf der Basis monoklonaler Antikörper (MAb) erweist sich als hochempfindlich beim Nachweis von Antigenen in Geweben sowie Augen- und Nasensekreten infizierter Ziegen (Saliki et al., 1994b). Der IcELISA, bei dem monoklonale Antikörper gegen das Nukleokapsidprotein verwendet werden, wird in der Regel zum Nachweis von PPRV eingesetzt (Libeau et al., 1994). Wenn vorbeschichtete Platten verwendet und die Proben bei Raumtemperatur gelagert werden, können die Ergebnisse innerhalb von zwei Stunden erzielt werden (Libeau et al., 1994). Mit dem IcELISA kann auch zwischen einer PPR- und einer RP-Virusinfektion unterschieden werden. Zum Nachweis werden monoklonale Antikörper gegen die nicht überlappende Domäne des N-Proteins von PPR und RP verwendet, während der Fänger-Antikörper gegen das gemeinsame Epitop von RP und PPR entwickelt wurde. Der Test ist nach wie vor sehr spezifisch und empfindlich, und der Unterschied zwischen zwei Viren in dem Test kann auf die unterschiedliche Affinität des Nachweisantikörpers für die verschiedenen N-Proteine zurückzuführen sein (Libeau et al., 1994).

II.6.2.4. Proteinprofil

Bei den Strukturuntersuchungen wurden sechs strukturelle und zwei nicht-strukturelle Proteine des Morbillivirus festgestellt. Das N-Protein ist das wichtigste Strukturprotein unter allen anderen viralen

Proteinen. Die einzelsträngige RNA mit negativem Sinn ist mit dem Nukleoprotein (N) umhüllt, mit dem die beiden anderen viralen Proteine assoziiert sind: das Phosphoprotein (P) und die RNA-Polymerase (L für large protein). Die Hülle besteht aus Peplomeren, die aus dem Virus herausragen; dabei handelt es sich um virale Glykoproteine, d.h. Hämagglutinin (H) und die Fusionsproteine (F). Diese sind für den ersten Schritt und die Etablierung der Infektion sehr wichtig (Diallo, 1990). Die drei viralen Strukturproteine (N, P und L) bilden interne, mit dem viralen Genom assoziierte Polypeptide, die für die Bildung des Nukleokapsids wesentlich sind, während die anderen drei (M, F, H) die Virushülle bilden (Norrby, 1990). Die Strukturproteine von RPV und PPRV wurden mit der Natriumdodecylsulfat-Polyacrylamid-Gelelektrophorese (SDS-PAGE) untersucht (Diallo, 1987). Eine variable Mobilität wurde bei den N- (Campbell et al., 1980), P-, M- und H-Proteinen festgestellt (Rima, 1983; Saito, 1992). Die am meisten konservierten Proteine waren N, M, F und L. Von allen Strukturproteinen ist Matrix (M) das am häufigsten vorkommende Protein (Rima, 1983). Die M-, F- und P-Proteine des Impfstammes von PPRV sind in ihrer Struktur am engsten mit denen von DMV verwandt (Diallo et al., 1995; Haffar et al., 1999; Meyer und Diallo, 1995). Unterschiede in der Mobilität wurden bei den N- und M-Proteinen von RPV (Anderson et al., 1990, Diallo, 1987) und dem N-Protein von PPRV (Taylor et al., 1990) festgestellt. N-Proteine aus niedrigvirulenten Stämmen von RP wandern schneller als N-Proteine aus virulenten Stämmen (Diallo, 1987). Das kleinste Protein in allen Stämmen der Morbilli-Viren ist das Polymerase-assoziierte Phosphoprotein (Diallo, 1987). Der aktive Transkriptionskomplex entsteht durch die Assoziation des P-Proteins mit dem Nukleokapsid (Norrby, 1990). Zwischen den beiden Nicht-Strukturproteinen (C und V) wurde das C-Protein oder seine mutmaßliche mRNA in Zellen identifiziert, die mit CDV (Hall et al., 1980) und RPV (Grubman et al., 1988) infiziert sind. Die Funktion der C- und V-Proteine ist noch nicht bekannt, aber es wird angenommen, dass das C-Protein die mRNA-Transkription in vitro erhöht und ein Interferon-Antagonist ist, während das V-Protein eine mutmaßliche regulatorische Rolle bei der Transkription und als Inhibitor der Interferon-Antwort spielt.

II.6.2.5. cDNA-Sonden

In den späten 1980er Jahren wurden spezifische molekulare Techniken auf der Grundlage von cDNA-Sonden für die Diagnose von RPV und PPRV entwickelt (Pandey et al., 1992; Shaila et al., 1989). Diese Technik wurde nicht routinemäßig für die PPRV-Diagnostik eingesetzt, obwohl sie hochempfindlich war.

Radiomarkierte cDNA-Sonden, die vom N-Protein des jeweiligen Virus, d. h. PPR und RP, abgeleitet sind, wurden zur Differenzialdiagnose von PPR und RP verwendet (Diallo et al., 1989). Sonden, die gegen andere proteinkodierende Regionen entwickelt wurden, waren kreuzreaktiv und konnten nicht zwischen RPV und PPRV differenzieren, wie Sonden gegen M-, F- und P-Gene (Diallo et al., 1989). Die spezifischen cDNA-Sonden wurden zum Nachweis von PPR in Äthiopien verwendet (Roeder et al., 1994). Diese Hybridisierungstechnik konnte nicht in großem Umfang eingesetzt werden, da sie viele Einschränkungen mit sich brachte, wie z. B. die Notwendigkeit frischer Proben, die kurze Halbwertszeit der radioaktiv markierten Substanz und die kritische Handhabung der Isotope. Daher wurden Sonden mit nicht-radioaktiven Markern wie Biotin (Pandey et al., 1992) oder Dioxin (Diallo et al., 1995) entwickelt, um radioaktiv markierte Sonden zu ersetzen. Die Unterscheidung zwischen PPRV und RPV ist ebenso spezifisch wie die von radioaktiv markierten Sonden und weniger zeitaufwendig (Pandey et al., 1992), aber weniger empfindlich (Diallo et al., 1995).

II.6.2.6. Reverse Transkriptions-Polymerase-Kettenreaktion (RT-PCR)

Die PCR-Technik ist die empfindlichste und beliebteste Technik zum Nachweis von PPRV mit hoher Spezifität und Empfindlichkeit. Mit dieser Technik kann PPRV auch in schlecht erhaltenen Proben nachgewiesen werden, in denen andere Techniken wie AGID und Virusisolierung das Virus nicht nachweisen konnten. Auch die phylogenetische Beziehung zwischen den PPRV-Stämmen kann mit dieser Technik bestimmt werden (Shaila et al., 1996). Die Diagnose einer Infektion mit Morbilliviren erfolgt in der Regel durch Serologie und Virusisolierung, die jedoch nicht in der Lage sind, das Virus in zersetzten Geweben nachzuweisen, während die PCR schlecht erhaltene Feldproben analysieren kann.

Die PCR unter Verwendung des F-Gen-Primers wird am häufigsten zur Diagnose von PPRV und zur Feststellung der phylogenetischen Beziehung zwischen den verschiedenen Stämmen verwendet (Forsyth und Barrett, 1995; Shaila et al., 1996). Die reverse Transkriptions-Polymerase-Kettenreaktion (RT-PCR) unter Verwendung eines universellen Phosphoprotein-Primers (P) und eines fusionsproteinspezifischen Primers (F) zum Nachweis und zur Unterscheidung zwischen PPR und RP wurde ebenfalls beschrieben (Barrett, 1993; Couacy-Hymann et al., 2002). Forsyth und Barrett (1995) entwickelten eine RT-PCR unter Verwendung von P-Gen- und F-Gen-spezifischen Primer-Sets zum Nachweis und zur Unterscheidung von RPV und PPRV. Sie stellten fest, dass die RT-PCR in der Lage war, das Virus in Augenabstrichen von experimentell infizierten Ziegen sogar am vierten Tag nach der Infektion nachzuweisen, im Vergleich zu acht Tagen nach der Infektion mittels icELISA. Die relative Spezifität und Sensitivität der auf dem F-Gen basierenden RT-PCR im Vergleich zum Sandwich-ELISA betrug 100 bzw. 12,5 Prozent (George, 2002). Die PCR auf der Basis des N-Gens wurde ebenfalls von Couacy-Hymann et al. (2002) für eine schnelle und spezifische Diagnose von PPR optimiert. Aufgrund des geringeren Zeitaufwands und der hohen Spezifität minimiert der RT-PCR-Test die Notwendigkeit einer Virusisolierung (Nanda et al., 1996). Da das Genom aller Morbilliviren aus einem RNA-Einzelstrang besteht, muss es zunächst mit Hilfe von reverser Transkriptase in einer zweistufigen Reaktion, der reversen Transkriptions-Polymerase-Kettenreaktion (RT-PCR), in DNA kopiert werden.

II.7. Sequenzanalyse

Das Genom des PPR-Virus ist eine nicht segmentierte, einzelsträngige RNA mit negativer Polarität. PPRV hat mit 15948 Nukleotiden das längste Genom (Barrett T, 2006). Das Genom des abgeschwächten Impfstammes von PPRV (Nigeria 75/1) wurde vollständig sequenziert, und die physische Karte des Genoms ist die gleiche wie die anderer Morbilliviren (Diallo, 1990; Rima et al., 1986). Außerdem gibt es nur einen Serotyp des PPRV (Barrett et al., 1993). Nukleotid-, Aminosäure- und vollständige Genomsequenzen sind für MV (Cattaneo et al., 1989), RPV (Baron und Barrett, 1995), CDV (Barrett et al., 1991), PPRV (Bailey et al., 2005) und das Delphin-Morbillivirus (DMV) (Rima, 2003) verfügbar. Die engste Verwandtschaft weisen die Paare MV-RPV und CDV-PDV auf.

Vergleicht man PPRV mit anderen Mitgliedern der Gattung der Morbilliviren, so stellt man fest, dass es Bereiche mit geringer und hoher Nukleotiderhaltung gibt. Beim Vergleich zwischen PPRV und anderen Morbilliviren weisen die L- und M-Gene eine hohe Nukleotidkonservierung auf, während die nicht kodierenden Regionen nur sehr wenig Ähnlichkeit aufweisen (Bailey et al., 2005). Das PPRV-Genom kodierte für dieselben acht Proteine wie MV, und seine Länge war durch sechs teilbar, ein Merkmal, das es mit anderen Paramyxoviridae teilt (Calain und Roux, 1993).

II.7.1. Phylogenetische Analyse

Die Domestizierung von Rindern ist mit der Entwicklung von Morbilli-Viren verbunden. In ähnlicher Weise hat sich auch CDV durch die Infektion von Wiederkäuern entwickelt (Barrett und Rossiter, 1999). Die am engsten verwandten Viren sind MV und RPV, während CDV und Phosine Distemper Virus am weitesten mit MV und RPV verwandt sind (Barrett und Rossiter, 1999). Das H-Protein ist von allen viralen Proteinen von CDV, RPV und MV am wenigsten konserviert (Blixenkrone-Møller, 1992). Typische Merkmale der Gattung Morbillivirus der Familie Paramyxoviridae zeigt das PPRV (Diallo, 1987). Der Reaktivitätsbereich der monoklonalen Antikörper ist bei den verschiedenen Stämmen ebenfalls unterschiedlich (Libeau und Lefevre, 1990). Das M-Protein-Gen wurde ebenfalls kloniert und sequenziert (Haffar et al., 1999). Für das M-Protein wurde eine hohe Sequenzerhaltung mit einer prozentualen Identität von 76,7 bis 86,9 % festgestellt, wobei die höchste Übereinstimmung für das Delphin-Morbillivirus-Matrixprotein

II.7.2. Molekulare Epidemiologie

PPRV können auf der Grundlage von Daten aus molekularen und immunologischen Studien unterteilt werden (Barrett und Rossiter, 1999). Dhar et al. (2002) und Ozkul et al. (2002) haben auf der Grundlage von F- oder N-Gensequenzen vier verschiedene Linien für verschiedene PPR-Viren aus der ganzen Welt bestimmt. Die Linie 1 kommt ausschließlich in Westafrika vor, die Linie 3 in Ostafrika (Äthiopien), auf der Arabischen Halbinsel (Oman, Jemen) und in Südindien (Tamil Nadu), während die Linie 4 ausschließlich auf den Nahen Osten, die Arabische Halbinsel und den indischen Subkontinent beschränkt ist. Der afrikanische Stammbaum 1 ist enger mit dem Stammbaum 4 verwandt, aber der Ursprung des Stammbaums 4 ist noch nicht bekannt. Diese Studien können uns helfen, die Rolle der PPR-Verbreitung durch den Handel vorherzusagen.

Die aus dem Nahen Osten, Arabien und dem indischen Subkontinent gemeldeten Viren sind auf die Linie 4 beschränkt (Shaila et al., 1996), mit Ausnahme eines Isolats TN92/1 der Linie 3, das vom indischen Subkontinent isoliert wurde (Dhar et al., 2002; Nanda et al., 1996). Viren aus Pakistan, Saudi-Arabien, Kuwait und dem Iran liegen nahe beieinander in einem Cluster. Aus Indien, Nepal und Bangladesch gibt es Hinweise auf die Verbreitung ähnlicher Viren in westasiatischen Ländern (Dhar et al. 2002).

II.8. Serologie

Für eine genaue Diagnose von PPRV bei kleinen Wiederkäuern muss es von RP unterschieden werden, die weltweit ausgerottet wurde. Serologische Tests wie Agargel-Immundiffusion (AGID) und CIEP können PPR nicht von RP unterscheiden. Die kreuzweise Virusneutralisierung kann zwei Viren unterscheiden, ist aber nicht praktikabel, wenn eine große Anzahl von Proben untersucht werden muss, da sie sehr aufwändig und schwierig ist. Zur Bestätigung von Antikörpern gegen PPR wurde ein ELISA auf der Basis monoklonaler Antikörper entwickelt. Im kompetitiven Format (Anderson, 1996) des Blocking-ELISA (Saliki et al., 1993) werden monoklonale Antikörper gegen Hämagglutinin (H) verwendet. Zur Differenzialdiagnose wurden ELISA auf der Grundlage anderer Proteine wie Nukleoprotein entwickelt (Choi, 2005; Libeau et al., 1995; Renukaradhya et al., 2003).

II.8.1. Virus-Neutralisierung

Für die PPR-Diagnose ist der Virusneutralisationstest (VNT) aufgrund seiner hohen Sensitivität und Spezifität das Goldstandardverfahren. Aufgrund der hohen Kosten ist er jedoch für die Routinediagnose nicht geeignet (Anderson et al., 1991; Libeau et al., 1992; Singh et al., 2004a). Die Neutralisierung von PPR und RP kann durch die Verwendung von Serum erfolgen, aber homologe Viren können mit einem höheren Titer neutralisiert werden als heterologe Viren (Taylor und Abegunde, 1979a).

II.8.2. Kompetitiver enzymgekoppelter Immunosorbent-Assay (cELISA)

Im blockierenden ELISA (Saliki et al., 1993) oder im kompetitiven ELISA (Anderson et al., 1991) wurden monoklonale Antikorper gegen das Hämagglutinin-Protein von PPRV entwickelt, um PPRV- und RPV- Antikörper voneinander abzugrenzen. Kompetitive ELISA auf der Grundlage monoklonaler Antikörper speziell für N-Protein (Libeau et al., 1995) und H-Protein (Anderson et al., 1991; Saliki et al., 1993; Singh et al., 2004a) wurden für den Nachweis von Antikörpern in Tierserien entwickelt (Choi, 2005). Beim N-Protein-CELISA konkurrieren die Serumantikörper und das Mab um ein spezifisches Epitop auf einem Nukleoprotein, das aus einem rekombinanten Baculovirus gewonnen wird. Obwohl keine Kreuzreaktion beim N-Protein-CELISA berichtet wurde, wurde ein hohes Maß an Konkurrenz bis zu 45 % beobachtet (Libeau et al., 1995). Ungeachtet der Tatsache, dass neutralisierende Antikörper nicht gegen das N-Protein, sondern nur gegen das H-Protein gerichtet sind (Diallo et al., 1995), wurde eine Korrelation von 0,94 zwischen VNT und cELISA festgestellt, was darauf hindeutet, dass ersterer empfindlicher ist (Libeau et al., 1995).

Die relative Sensitivität dieses cELISA gegenüber dem VNT betrug 94,5 %, während die Spezifität 99,4 % betrug. Die Sensitivität und Spezifität des H-Blocker-ELISA wurden mit 90,4 % und 98,9 % in dieser Reihenfolge festgestellt (Saliki et al., 1993). Der PPR-ELISA, bei dem ein gegen das H-Protein gerichteter Antikörper verwendet wurde, reagierte bis zu einem gewissen Grad mit der Rinderpest, während der RP-

ELISA spezifisch war, weshalb davon ausgegangen wurde, dass ein Tier an der Rinderpest erkrankt war, wenn es sowohl im PPR- als auch im RP-ELISA positiv war (Anderson et al., 1991). Um die Interpretation der Ergebnisse zu erleichtern, wurde die Absorption im PPR-ELISA in einen Prozentsatz der Hemmung (PI) umgerechnet. Seren mit PI-Werten von mehr als 50 % wurden als positiv bewertet. Die Gesamtspezifität des c-ELISA-Tests betrug 98,4 % bei einer Sensitivität von 92,2 % im Vergleich zum VNT (Singh et al., 2004b). Die Sensitivität des Assays wurde als Anteil der positiven Proben an den tatsächlich positiven Proben gemessen.

II.9. Immunität gegen PPR

In der Vergangenheit wurde zur Bekämpfung der PPR-Krankheit in Westafrika und Asien, einschließlich Pakistan, Gewebekultur-Rinderpest-Impfstoff (TCRV) verwendet, weil Antikörper gegen RPV aufgrund der antigenischen Ähnlichkeit PPRV kreuzneutralisieren können (Taylor und Abegunde, 1979a). TCRV schützte die Ziegen 12 Monate lang mit einer Dosis von 102,5 TCID50 vor PPR, und die Tiere waren nicht in der Lage, die Infektion auf andere Tiere zu übertragen (Taylor und Abegunde, 1979a). In Tränenflüssigkeitstupfern wurde Antigen nachgewiesen, nachdem die geimpften Tiere dem virulenten Virus ausgesetzt waren (Gibbs et al., 1979). Dieser Impfstoff hat die PPR in Ländern wie Westafrika wirksam bekämpft (Bourdin, 1967) und wurde in vielen anderen afrikanischen Ländern allgemein verwendet (Lefevre und Diallo, 1990), aber Tierärzte vor Ort berichteten immer noch über Bedenken hinsichtlich der Wirksamkeit von TCRV. Die Entwicklung des PPR-Impfstoffs war ein wichtiger Schritt zur wirksamen Bekämpfung dieser Krankheit, da die Verwendung des RP-Impfstoffs aufgrund von Hindernissen im Rahmen des Globalen Programms zur Ausrottung der Rinderpest (GREP) zurückgehalten wurde.

RPV-Impfstoff mit rekombinanten H- und F-Proteinen kann bei Ziegen aufgrund der Expression kreuzreaktiver Antigene durch PPRV Immunität gegen PPRV erzeugen. Rekombinante Baculoviren, die H-Glykoprotein exprimieren, können sowohl humorale als auch zellvermittelte Immunität entwickeln. Lymphoproliferative Reaktionen wurden bei diesen Tieren gegen PPRV-H und RPV-H Antigene bestätigt (Sinnathamby et al., 2001). Lämmer oder Zicklein, die Kolostrum von ehemals exponierten oder geimpften Tieren erhalten, die noch 3-4 Monate lang zirkulieren, weisen ein hohes Maß an maternalen Antikörpern auf. Mütterliche Antikörper wurden mit dem Virusneutralisationstest bis zu 4 Monaten und mit dem kompetitiven

ELISA bis zu 3 Monaten nachgewiesen (Libeau et al., 1992). Daher können kleine Wiederkäuer nur durch die Verwendung eines homologen, abgeschwächten Lebendimpfstoffs geschützt werden.

II.10. Kontrolle und Prophylaxe

Das PPR-Virus kann einen einzigen Serotyp über einen längeren Zeitraum hinweg beibehalten, wobei die Genomvariation sehr gering ist. Wenn das Tier die Infektion überlebt hat, erhält es lebenslange Immunität und scheidet das PPR-Virus nicht aus (Abubakar et al., 2012).

Wie bei allen anderen Viruserkrankungen gibt es auch bei PPR keine genaue Behandlung. Antibiotika können sekundäre Lungeninfektionen verhindern, aber diese Behandlung ist im Falle eines Ausbruchs zu kostspielig. Daher erfolgt die Bekämpfung dieser Krankheit durch Hygienemaßnahmen, Quarantäne, Impfungen und medizinische Prophylaxe.

II.10.1. Sanitäre Prophylaxe

In Entwicklungsländern ist es nicht möglich, strenge hygienische Bedingungen für PPR-Kontrolle. Es wird empfohlen, die folgenden Schritte zu unternehmen:

- Trennung von infizierten und kranken Tieren von normalen Tieren für mindestens 15 Tage nach 40 Tagen.
- Infizierte Bestände sollten so weit wie möglich geschlachtet werden.
- Ordnungsgemäße Beseitigung von Tierkörpern und Erzeugnissen.
- Strenge Desinfektion.
- Quarantäne vor der Aufnahme in die Herden.
- Alle Bewegungen innerhalb und außerhalb des infizierten Gebiets sollten eingeschränkt werden.

II.10.2. Medizinische Prophylaxe

In Hochrisikopopulationen sind gezielte ("Ring"-) und prophylaktische Impfungen zusammen mit Verbringungskontrollen (Quarantäne) wirksam bei der Bekämpfung von PPR. Bei kleinen Wiederkäuern wurde lange Zeit TCRV eingesetzt, wobei die enge antigene Verwandtschaft zwischen RPV und PPRV ausgenutzt wurde. Serielle Passagen eines PPR-Stammes in Vero-Zellen führten zu einem abgeschwächten Stamm bei 80th Passagen (Diallo et al., 1989). Dieser avirulente PPRV-Stamm hat sich beim Schutz von Schafen und Ziegen gegen eine virulente Infektion als sehr wirksam erwiesen und wird heute in großem

Umfang zur Bekämpfung von PPR eingesetzt. Die Tatsache, dass sowohl die oben genannten heterologen als auch die homologen Impfstoffe eine effektive Kühlkette für eine wirksame Impfkampagne erfordern, ist in armen Ländern wie Afrika und einigen asiatischen Ländern nicht bezahlbar. Um die Kosten der Impfung zu senken, müssen thermoresistente und polyvalente Impfstoffe verwendet werden. Die Zugabe von Stabilisierungsmitteln und die Gefriertrocknung haben die Thermostabilität des homologen PPR-Impfstoffs erhöht (Worrwall et al., 2001).

Die Inaktivierung virulenter Viren aus Lymphknoten und Milz mit 1,5-5% Chloroform führte bei kleinen Wiederkäuern zu einer Immunität, wenn sie nach 18 Monaten erneut exponiert wurden (Braide, 1981). RP-geimpfte Tiere, die keine neutralisierenden PPR-Antikörper hatten, wurden untersucht. Infolgedessen stiegen die neutralisierenden Antikörper gegen PPR stark an. Zum Schutz gegen PPR bei Ziegen wurde ein hitzeresistenter Impfstoff für RP entwickelt (Stem, 1993). Eine solide Immunität für drei Jahre wurde bei Ziegen und Schafen (Diallo et al., 1995) durch die Verwendung eines homologen PPR-Impfstoffs erreicht, der in Vero-Zellen für 63 Passagen abgeschwächt wurde (Diallo et al., 1989). Der homologe PPR-Impfstoff hat sich als sicher für den Einsatz in der Praxis erwiesen, sogar bei trächtigen Tieren (Diallo et al., 1995).

II.11. Wirtschaftliche Bedeutung

In den frühen 1970er Jahren war PPR im Allgemeinen nicht als Krankheit von wirtschaftlicher Bedeutung für Schafe und Ziegen bekannt, da nur sehr wenige Berichte veröffentlicht wurden. Nachdem jedoch erkannt wurde, dass es einen separaten, eng mit dem RP-Virus verwandten epizootiologischen Zyklus gibt, wurde PPR als eigenständige Krankheit eingestuft (Taylor und Abegunde, 1979a), und es begannen wichtige Studien in verschiedenen Ländern. PPR-Epidemien mit hoher Sterblichkeit wurden für die Zukunft als besorgniserregend angesehen (Kitching, 1988). PPR ist für kleine Wiederkäuer in tropischen Regionen von großer Bedeutung (Taylor, 1984). Wie bereits 2002 berichtet, ist die PPR in den meisten Ländern Afrikas, Asiens und des Nahen Ostens nach wie vor die Hauptursache für die Tötung von kleinen Wiederkäuern (Perry, 2002), doch ihre wirtschaftlichen Auswirkungen sind noch nicht umfassend untersucht worden. Später wurde in einer Studie nachgewiesen, dass bei einer Investition von 10 Millionen Dollar und einem internen Zinsfuß (IRR>100%) bei einem durchschnittlichen Anstieg der Impfkosten um das Fünffache eine Rendite von 14 Millionen Dollar auf den kleinsten Kapitalwert (NPV) zu erwarten ist. Opasina und Putt (1985) schätzten einen jährlichen Betrag zwischen 2,47 £ pro Ziege bei hohem Verlust und 0,36 £ pro Ziege bei geringem Verlust. In Nigeria wird der jährliche Verlust aufgrund von PPR auf 1,5 Millionen Dollar geschätzt (Hamdy und Dardiri, 1976), während sich die wirtschaftlichen Verluste in Indien auf etwa 39 Millionen US-Dollar belaufen (Bandyopadhyay, 2002). Zahlreiche Länder Afrikas und des Nahen Ostens haben unter der PPR mit hohen wirtschaftlichen Verlusten gelitten (Lefevre und Diallo (1990)).

II.12. PPR-Pakistan Perspektive

PPR ist auch in Pakistan eine vielversprechende Krankheit der kleinen Wiederkäuer. In den letzten zehn Jahren wurden hohe Sterblichkeitsraten bei kleinen Wiederkäuern, insbesondere bei Ziegen, gemeldet. Der erste Bericht über PPRV in Pakistan wurde 1994 (Amjad et al., 1996) vom Institute of Animal Health, Pirbright, UK, im Rahmen eines vermuteten Ausbruchs bestätigt.

PPR war in Pakistan weit verbreitet; in bewässerten und unbewässerten Gebieten von Sindh, im nördlichen Teil von Punjab, in einigen Bezirken der North West Frontier Province (NWFP) (Mansehra und Charsada) und im Süden von Azad Kashmir. Die Prävalenz ist jedoch im Winter höher, was möglicherweise auf die Wanderungen von Nomadenherden zurückzuführen ist, wie Zahur et al. (2006) berichten.

In Pakistan werden nur sehr wenige Daten über die PPR-Krankheit veröffentlicht, aber die klinischen Symptome bestätigen das Vorhandensein von PPR in großer Zahl. Es kann nicht ausgeschlossen werden, dass PPR auch in den Teilen des Landes vorkommt, aus denen bisher keine Daten veröffentlicht wurden. In den letzten Jahren haben die PPR-Ausbrüche in neueren Gebieten Pakistans ein schockierendes Ausmaß angenommen (Ali, 2004). In einer anderen Studie zeigten Khan et al. (2007), dass die Seroprävalenz des PPR-Virus bei kleinen Wiederkäuern in der pakistanischen Provinz Punjab 43,33 % betrug. Abubakar et al. (2008) stellten fest, dass die Gesamtprävalenz von PPR-Antikörpern bei Schafen 54,09 % und bei Ziegen 44,15 % betrug. Khan et al. (2008) berichteten, dass die Häufigkeit von Antikörpern gegen PPR in den Monaten Dezember, Januar und Februar bei 67,65, 71,11 und 60,23 % und in den Monaten September und Oktober bei 50,67 bzw. 53,0 % lag. Der südliche und westliche Distrikt des Punjab ist im Vergleich zu anderen Teilen der Provinz stärker von der Krankheit betroffen. Es wurde festgestellt, dass ein größerer Anteil der Schaf- (56,80 %) als der Ziegenpopulation (48,24 %) mit PPRV infiziert war ($P < 0,011$).

Wenn wir das Auftreten von PPR in Pakistan verfolgen, dann wurde eine Rinderpest-ähnliche Krankheit auf der Grundlage klinischer Anzeichen und Symptome zuerst von Pervez et al. (1993) in Punjab bei Ziegen gemeldet. Athar et al. (1995) beobachteten Fälle der Rinderpest-ähnlichen Krankheit auch in den Bezirken des Punjab. Die Zahl der Ausbrüche hat sich aufgrund der geschmuggelten Tiere, die zuvor mit PPR infiziert waren, erhöht. Ausbrüche der PPR-Krankheit wurden im Distrikt Dera Ghazi Khan (Provinz Punjab) gemeldet (Ayaz et al., 1997; Hussain et al., 1998), basierend auf klinischen Befunden. Bestätigungsmethoden wie cELISA (Khan et al., 2008) und IcELISA (Abubakar et al., 2008) wurden verwendet, um Ausbrüche von PPR an verschiedenen Orten zu melden. Auch das OIE bestätigte im Jahr 2000 den Ausbruch von PPR mit IcELISA in einem Wildtierzuchtzentrum in Faisalabad. Die Anzeichen und Symptome ähnelten direkt denen der PPR bei Schafen und Ziegen. Bei den Mufflon-Schafen (Ovis aries orientalis-Gruppe) im Wildlife Research Institute (WRI), Gutwala, Faisalabad, Punjab, Pakistan, waren alle betroffenen Schafe an PPR gestorben. Diese Untersuchung wurde mit Hilfe von IcELISA bestätigt.

Stämme aus Ausbrüchen in Lahore wurden an das Weltreferenzlabor für Rinderpest in Pirbright, UK, geschickt (Hussain et al., 1998), das Virus wurde als "Pakistan 94" bezeichnet. In später veröffentlichten Studien (Ozkul et al., 2002) wurde die phylogenetische Verwandtschaft auf der Grundlage der Teilsequenz des Fusionsproteingens festgestellt und das pakistanische Virus in die Linie 4 eingeordnet, zu der Viren gehören, die aus den Nachbarländern Pakistans (Iran, Indien) und anderen Ländern wie Saudi-Arabien, der Türkei, Nepal und Bangladesch stammen. In einer parallelen Studie haben Dhar et al. (2002) das "Pakistan 94"-Virus näher an Viren aus Saudi-Arabien, Kuwait und dem Iran angesiedelt. Daher könnte die wahrscheinliche Infektionsursache, die Athar et al. (1995) für die Ausbrüche in Lahore und Faisalabad postuliert haben, in den Ländern liegen, die eine gemeinsame Grenze mit Pakistan haben. In Indien wurde PPR erstmals 1987 gemeldet (Dhar et al., 2002), und die Serienanalyse der Nukleoprotein- (N) und Fusionsproteingene (F) deutet darauf hin, dass wie in anderen asiatischen Ländern die Linie IV von PPRV in Pakistan zirkuliert (Anees et al., 2013; Munir et al., 2012).

III. MATERIALIEN UND METHODEN
III.1. Epi-Dynamik des PPRV

Im Rahmen dieser Studie wurden insgesamt vierundachtzig PPR-Ausbrüche untersucht (2010 bis 2013). Es wurden nur Ausbrüche untersucht, die von den Verantwortlichen der Abteilungen für Viehzucht und Milchwirtschaft (L&DD) in den einzelnen Provinzen/Regionen des Landes gemeldet wurden. Als Falldefinition wurde festgelegt, dass ein Schaf oder eine Ziege eine Kombination aus Atemwegs- und Verdauungssymptomen mit Fieber aufweist. Die epidemiologischen Daten wurden auf einem eigens dafür entworfenen Formblatt (Anhang-1) erfasst und aufgezeichnet. Die klinische Untersuchung der betroffenen Tiere wurde bei jedem Ausbruch durchgeführt und die klinischen Symptome wurden aufgezeichnet. Soweit möglich, wurde auch eine Nekropsie durchgeführt, wenn verendete Tiere gefunden wurden, und die Läsionen wurden aufgezeichnet. Die Morbiditäts-, Mortalitäts- und Mortalitätsfallraten wurden anhand der folgenden Formeln berechnet;

Morbiditätsrate= Anzahl der in einem bestimmten Zeitraum aufgetretenen Krankheitsfälle x 100 Größe der Bevölkerung, in der die Krankheit aufgetreten ist

Sterblichkeitsrate= Todesfälle während eines bestimmten Zeitraums x 100

Größe der Bevölkerung, in der die Todesfälle aufgetreten sind

Case Fatality Rate= Anzahl der Todesfälle durch eine bestimmte Krankheit während eines bestimmten Zeitraums x 100

Anzahl der Krankheitsfälle im selben Zeitraum

III.1.1. Musterkollektion

Bei toten Tieren wurden Gewebeproben (Lymphknoten, Lunge, Milz und Darmschleimhaut) entnommen und bis zum Transport ins Labor in der Kühlkette aufbewahrt. Abstriche von Bindehautausfluss, Nasenausfluss und Wangenschleimhaut wurden von erkrankten Tieren für den Nachweis, die Identifizierung und die genetische Charakterisierung von PPRV mit Hilfe konventioneller und molekularer Methoden entnommen (Diallo et al., 1988; Libeau et al., 1995; Forsyth & Barrett, 1995).

III.1.2. Verarbeitung von Proben

Für den Nachweis von PPRV-Antigen wurden die Gewebeproben in einer 10 %igen Suspension von Phosphatpuffersalzlösung (PBS, 0,01 M, pH 7,4) aufbereitet und Abstrichmaterial in PBS extrahiert. Die vorbereiteten Proben wurden mittels Immuno-capture-ELISA getestet.

III.1.3. Immunocapture Enzyme-Linked Immunosorbent Assay (IcELISA)

Der auf monoklonalen Anti-N-Antikörpern basierende Immunocapture Enzyme-Linked Immunosorbent Assay (IcELISA) wurde nach der Methode von Anderson *et al.* (1994) zur differenzierten Identifizierung von PPR- und/oder Rinderpest-Viren unter Verwendung monoklonaler Anti-N-Antikörper (MAb) durchgeführt.

Der Test wurde mit Hilfe eines Kits durchgeführt, das von der BDSL Company, UK, in Zusammenarbeit mit Flow Laboratories und CIRAD, EMVT, Frankreich, hergestellt wurde, und lief wie folgt ab:

III.1.3.1. Vorbereitung der Reagenzien

Alle folgenden Reagenzien und Chemikalien wurden mit dem Kit geliefert;

i. **Fänger-Antikörper:** Die Standardantikörperverdünnung wurde in 1X PBS im Verhältnis 1:400 hergestellt.

ii. **Detektions-Antikörper:** Der lyophilisierte Inhalt des Nachweisantikörpers wurde durch Zugabe von 1 ml sterilisiertem destilliertem Wasser hergestellt und bei -20°C gelagert, wenn er nicht verwendet wurde.

iii. **Anti-Maus-Rettich-Peroxidase (HRPO)-Konjugat:** Die Verdünnung erfolgte im Verhältnis 1:100 in Blocking-Puffer.

iv. **Positives, negatives Antigen und negatives Referenzserum:** Der lyophilisierte Inhalt jedes Fläschchens wurde vollständig mit 1 ml destilliertem Wasser gemischt und bis zur Verwendung bei -20 °C gelagert.

III.1.3.2. Herstellung von Verdünnungsmitteln

a) **Phosphatgepufferte Kochsalzlösung (PBS, pH 7,4):** Der mitgelieferte PBS-Beutel wurde in 1 Liter frischem, doppelt destilliertem Wasser aufgelöst und dann bei 4°C gelagert. Sie wurde innerhalb weniger Tage nach der Zubereitung verwendet.

b) **Blockierungspuffer:** Der Blockierungspuffer wird bei Bedarf aus PBS mit 0,1 % Tween-20 und 0,5 % negativem Serum frisch zubereitet.

c) **Chromogen-Substrat-Lösung:** Diese wurde durch Auflösen einer Tablette (30 mg) Orthophenylendiamin (OPD) in 75,0 ml frischem, bidestilliertem Wasser hergestellt und bis zur Verwendung bei -20°C gelagert. H_2O_2-Lösung (3%) wurde kurz vor der Verwendung in einer Menge von 4,0 µl H_2O_2 pro ml OPD-Lösung zugegeben.

d) **Abstopplösung (1N Schwefelsäure):** 5,45 ml konzentrierte Schwefelsäure wurde zu 94,5 ml destilliertem Wasser hinzugefügt, um 1N Schwefelsäure zu erhalten, die in einer verschlossenen, dunkel gefärbten Flasche aufbewahrt wurde.

III.1.3.3. Testprotokoll

Der im Verhältnis 1:400 verdünnte Capture-Antikörper wurde in der ELISA-Mikrotiterplatte verteilt. Die Platte wurde mit einem Deckel abgedeckt und 60 Minuten lang bei 37 °C im mikrobiologischen Inkubator (Memmert, Deutschland) auf einem Orbitalschüttler (IKA, Deutschland) unter ständigem Schütteln gehalten. Nach der Inkubation wurde der Inhalt der ELISA-Platte verworfen, indem sie über dem Waschbecken umgedreht und ruckartig nach unten geschoben wurde. Der Puffer, der 0,05 % Tween-20 in PBS enthält, wurde fünfmal mit destilliertem Wasser verdünnt und durch vorsichtiges Klopfen auf ein Handtuch getrocknet. Nach dem Waschen wurden die folgenden Reagenzien Schritt für Schritt zugegeben:

i. In jede Vertiefung der ELISA-Platte wurden 50 u l Blocking-Puffer gegeben.

ii. In die Antigen-Leerwertvertiefungen (A1-A2) wurden 50 ppm zusätzlicher Blockierung hinzugefügt.

iii. In die Vertiefungen (A3/A4, B3/B4 usw.) wurden jeweils 50 µl der klinisch aufbereiteten Proben in doppelter Menge gegeben.

iv. In vier Vertiefungen (B1/B2 und C1/C2) wurden 50 µm des Referenzantigens der PPR-Positivkontrolle (C+) hinzugefügt.

v. In vier Vertiefungen (E1/E2 & F1/F2) wurden 50 µg RP-Positivkontroll-Referenzantigen (C+) hinzugefügt.

vi. In vier Vertiefungen (G1/G2 & H1/H2) wurden 50 µl des Referenzantigens der Negativkontrolle (C-) hinzugefügt.

Im nächsten Schritt wurde verdünnter Detektionsantikörper im Verhältnis 1:150 (25 ml) mit Hilfe eines Mehrkanaldispensers in alle Vertiefungen gegeben. Dann wurde verdünntes Anti-Maus-Konjugat im Verhältnis von 1:300 (100 ml) in alle Vertiefungen gegeben. Die ELISA-Platte wurde mit einem Deckel abgedeckt und anschließend 45 Minuten lang bei 37 °C unter ständigem Schütteln bebrütet. Nach der Inkubation wurde der Inhalt der Platte verworfen und die Platte wie zuvor beschrieben gewaschen. In jede

Vertiefung der Platte wurden 100 ul eines OPD-Substrats (frisch zubereitet) gegeben und 10 Minuten lang bei Raumtemperatur (25 °C, +2) im Dunkeln ohne Schütteln inkubiert. Danach wurde die Stopplösung zugegeben und die Platte in einem ELISA-Plattenlesegerät (Multiskan Plus, LabSystem, Finnland) bei einer Filterwellenlänge von 492 nm abgelesen.

III.1.3.4. Interpretation der Ergebnisse

Die im Ic-ELISA verwendeten monoklonalen Antikörper wurden gegen zwei sich nicht überschneidende Domänen des N-Proteins von PPR und RP entwickelt, aber der Fängerantikörper identifiziert nur ein Epitop, das sowohl RP als auch PPR gemeinsam haben. Die Proben, die über den Cut-off-Werten lagen, d. h. einem prozentualen Positivitätswert (PP) >18, wurden als positiv eingestuft. Eine Probe, die in beiden Doppelvertiefungen positive Werte aufwies, wurde als positiv gewertet, und Proben, die in einer Vertiefung einen positiven und in der anderen Vertiefung einen negativen Wert aufwiesen, wurden vor der endgültigen Ermittlung der Ergebnisse erneut getestet.

III.1.3.5. Kriterien für die Annahme des Kennzeichens:

i. Die OD von vier stark positiven Referenzvertiefungen (C++) war nicht kleiner als 0,4.

ii. Die OD von vier schwach positiven Referenzen (C+) lag über dem Grenzwert.

iii. Die OD von vier negativen Vertiefungen (C-) lag unter dem Cut-off-Wert.

III.1.4. Umgekehrte Transkriptions-Polymerase-Kettenreaktion (RT-PCR)

Ein Polymerase-Kettenreaktionsverfahren (PCR), das auf der Amplifikation der N- und F-Gene basiert, wurde für die spezifische Diagnose und Bestätigung von PPR standardisiert (Forsyth & Barrett 1995).

III.1.4.1. Vorbereitung der Probe
Die Proben für die RT-PCR wurden wie folgt vorbereitet: 5-10 mg Gewebe (Lunge, Leber und Milz) wurden im Mörser zerkleinert. Das Gewebe wurde zerkleinert und das Lysat in Puffer RLT homogenisiert und mit einem Mörser und Stößel gründlich zermahlen. Das vorbereitete Gewebe wurde in 2 ml Mikrozentrifugenröhrchen umgefüllt.

III.1.4.2. RNA-Reinigung mit dem Rneasy Mini Kit (Kat. Nr. 74004, Qiagen, USA,)
250 ml Puffer RLT wurden dem Gewebelysat zugegeben, mit dem Schüttler geschüttelt und dann 3 Minuten lang bei 16 000 U/min zentrifugiert. Der Überstand wurde in ein neues Mikrozentrifugenröhrchen überführt. Ein gleiches Volumen (250 ul) 70%iges Ethanol wurde hinzugefügt und durch Pipettieren gut gemischt. Die

Probe wurde einschließlich eines sich möglicherweise bildenden Niederschlags auf eine RNeasy Min-Elute Spin Column in einem mit dem Kit gelieferten 2-ml-Sammelröhrchen aufgetragen. Das Röhrchen wurde vorsichtig verschlossen und in einer Mikrozentrifuge (Centurion, Scientific, UK) bei 12.000 U/min für 15 Sekunden zentrifugiert. Der Durchfluss wurde aus dem Sammelröhrchen verworfen und das gleiche Sammelröhrchen verwendet. Dann wurden 350 µl Puffer RW1 zur RNeasy Min-Elute Spin Column gegeben und erneut 15 Sekunden lang bei 12.000 U/min zentrifugiert. Der Durchfluss wurde verworfen und die Min-Elute Spin Column wurde in ein neues, mit dem Kit geliefertes Sammelröhrchen überführt und 500 ul Puffer RPE auf die RNeasy Min-Elute Spin Column gegeben. Das Röhrchen wurde vorsichtig verschlossen und bei 12.000 U/min für 15 Sekunden zentrifugiert. Der Durchfluss wurde aus dem Sammelröhrchen verworfen. 500 ml 80%iges Ethanol wurden auf die RNeasy Min-Elute Spin Column gegeben und 2 Minuten lang bei 12.000 U/min zentrifugiert; der Durchfluss und das Sammelröhrchen wurden verworfen. Die RNeasy Min-Elute Spin Column wurde in ein neues, mit dem Kit geliefertes 2-ml-Sammelröhrchen überführt und erneut bei 16.000 U/min für 5 Minuten zentrifugiert. Der Durchfluss und das Sammelröhrchen wurden verworfen. Zum Eluieren wurde die Spin Column in ein 1,5-ml-Zentrifugenröhrchen überführt (den Deckel aufschneiden) und 15 ml RNase-freies Wasser direkt auf die Mitte der Kieselgelmembran gegeben. Das Röhrchen wurde 5 Minuten lang bei 16.000 U/min zentrifugiert und bis zur Verwendung bei -80° C gelagert.

III.1.4.3. Reverse Transkription (cDNA-Synthese): Verwendetes Kit:
Revert Aid TM First Strand cDNA Synthesis Kit (Kat. Nr. K1622, Fermentas, USA). Die Bestandteile des Kits sind in Tabelle 3.1 aufgeführt.

Tabelle 3.1 Inhalt des cDNA-Synthesekits

Sr.	Artikel	Menge
1.	Oligo (dT)$_{18Primer}$(0,5ug/ul)	120ul, 200 Einheiten/Ul
2.	5X-Reaktionspuffer	500ul
3.	dNTPs-Mischung, 10mM	250 gl
4.	DEPC-behandeltes Wasser	1,5 ml
5.	Random-Hexamer-Primer (0,2ug/ul)	120ul
6.	Ribonuklease-Hemmer	120ul, 20Einheiten/ul
7.	M-MulReversen Transkriptase	120ul, 200 Einheiten/Ul
8.	Kontroll-Primer (10pmol/ul)	40ul
9.	Kontroll-RNA (0,5ug/ul	40ul

Protokoll befolgt:

Die RNA-Vorlagenlösung wurde auf Eis aufgetaut. Außerdem wurden der Random Hexamer Primer, der 5X-Reaktionspuffer, der dNTP-Mix, der Ribonuklease-Inhibitor, die MMLV-RT und das RNase-freie Wasser bei

Raumtemperatur aufgetaut und anschließend sofort auf Eis gelagert. 10 ml der RNA-Templatlösung wurden in ein RNase-freies PCR-Gefäß gegeben und jeweils 1 ml Random Hexamer Primer und DEPC-Wasser hinzugefügt. Das Röhrchen wurde 5 Sekunden lang bei mittlerer Geschwindigkeit zentrifugiert, um die Restflüssigkeit von den Seiten des Röhrchens aufzufangen, und 10 Minuten lang bei 70° C bebrütet. Die Lösung wurde 15 Minuten lang auf Eis gekühlt und erneut 5 Sekunden lang zentrifugiert. Anschließend wurden 4 ml 5X-Reaktionspuffer, 1 ml Ribonuklease-Inhibitor und 2 ml einer 10-mM-dNTP-Mischung in die Lösung gegeben und 5 Minuten lang bei 25° C inkubiert. Anschließend wurde 1 ml M-MulReversen-Transkriptase (MMLV) in die Lösung gegeben und 10 Minuten lang bei 25° C in einem Thermocycler inkubiert,

42° C für 60 Minuten und 70° C für 10 Minuten und lagerte die cDNA bei - 20° C bis für die PCR verwendet.

Tabelle 3.2 F-Gene (Produktgröße; 372bp)

S. Nr.	Grundierung	Primer-Reihenfolge
1.	F 1 (Vorwärts)	5'ATC ACA GTG TTA AAG CCT GTA GAG G 3'
2.	F2 (Rückwärts)	5' GAG ACT GAG TTT GTG ACC TAC AAG C 3'

Referenz: Forsyth und Barett (1995)

III.1.4.4.   Verwendete Polymerase-Kettenreaktion (PCR) Kits:

Es wurde ein kommerzielles Reaktionskit verwendet. Dieses Kit (Kat.-Nr. R0161, Fermentas) enthielt dNTPs (100mM) und rekombinante TaqDNA-Polymerase (Kat.-Nr. EP 402, Fermentas), die Taq-Puffer mit KCl, Taq-Puffer mit $(NH_4)_2 SO_4$ und $MgCl_2$ (25mM) enthielt.

Verwendetes Protokoll:

Die PCR wurde in einem endgültigen Reaktionsvolumen von 25 pl unter Verwendung von dünnwandigen PCR-Gefäßen mit einer Kapazität von 200 pi durchgeführt. Die Primersequenzen für die F- und N-Gene sind in Tabelle 3.2 und 3.3 angegeben. Die Reaktionsmischung wurde gemäß den Angaben in Tabelle 3.4 hergestellt. Das PCR-Gefäß mit der Mischung wurde leicht angeklopft und eine Minute lang bei einer Geschwindigkeit von 12.000 U/min gedreht. Jedem Röhrchen wurde ein Volumen von 5 ul cDNA zugesetzt, mit Ausnahme des negativen Kontrollröhrchens, dem 5 ul RNase-freies Wasser zugesetzt wurde. Die PCR-Gefäße mit allen Komponenten wurden in den Thermocycler überführt. Die für die PCR verwendeten thermischen Bedingungen sind in Tabelle 3.5 angegeben.

Grundierungen:

Tabelle 3.3 N-Gene (Produktgröße; 380bp)

S. Nr.	Grundierung	Primer-Reihenfolge
1.	PPR-N-F (Vorwärts)	5'-TCTCGGAAATCGCCTCACAGACTG-3'
2.	PPR-N-R (Rückwärts)	5'-CCTCCTCCTGGTCCTCCAGAATCT-3'

Referenz: Couacy-Hymann et al., (2002)

Tabelle 3.4 Zusammensetzung der Reaktionsmischung für die PCR

S. Nr.	Komponenten	Menge	Endgültige Konzentration
1.	RNase-freies Wasser	13ul	-
2.	MgCl2	02ul	25mM
3.	DNTPs	01ul	100mM
4.	Vorwärts-Primer (20 pmol/pl) 5'ATC ACA GTG TTA AAG CCT GTA GAG G 3'	01 ul	20 pmole
5.	Umgekehrter Primer (20 pmol/pl) 5' GAG ACT GAG TTT GTG ACC TAC AAG C 3'	01 ul	20 pmole
6.	Puffer mit (NH4)$_2$ SO4	1,5 ul	10 X
7.	Taq-DNA-Polymerase	0,5 ul	05 Einheit/Ul

Tabelle 3.5 Schritte und Bedingungen des Thermocyclings für die PCR

Sr#	Schritt	Temperatur	Zeit
1.	Anfängliche Denaturierung	94° C	4 min
2.	Denaturierung	95° C	1 Minute
3.	Glühen	50° C	1 Minute
4.	Erweiterung	72° C	45 Sekunden
Wiederholung der Schritte 2 bis 4 für 35 Zyklen			
6.	Endgültige Verlängerung	72° C	4min

III.1.4.5. Gel-Elektrophorese / Visualisierung des PCR-Produkts

Zur Bestätigung der gezielten PCR-Amplifikation wurden 8 µl des PCR-Produkts aus jedem Röhrchen mit 4 µl Farbstoff (Bromphenolblau) gemischt und zusammen mit 4 µl eines 100-bp-DNA-Molekulargewichtsmarkers (Leiter) auf einem 2 %igen Agarosegel mit Ethidiumbromid (2 µl für ein kleines-60-ml-Gel und 4 µl für ein mittleres-120-ml-Gel) bei konstanten 50 mA für 30 Minuten in 1X TBE-Puffer elektrophoretisch untersucht. Das amplifizierte Produkt wurde als einzelne kompakte Bande der erwarteten Größe unter UV-Licht sichtbar gemacht und mit dem Gel-Dokumentationssystem (BioDoc It™ Bio Imaging System, U.S.A.) dokumentiert.

III.1.5. Genetische Charakterisierung von PPRV

Repräsentative PPRV-Isolate (n=20) aus verschiedenen Ausbrüchen wurden für die Sequenzierung aufbereitet, um eine phylogenetische Analyse der Nukleoprotein- und Fusionsprotein-Gensegmente zu erstellen und so einen Einblick in das genetische Bild von PPRV sowie in seine grenzüberschreitende Übertragung zu erhalten. Die PCR-Produkte wurden mit einem Aufreinigungskit (Invitrogen, Pure link PCR purification kit, Cat # k3100-01) aufgereinigt. Anschließend wurden die gereinigten Proben mit einem DNA-

Sequenzierer (GeXP, BackMann Coulter, USA) sequenziert.

Das Verfahren für die Sequenzierung wurde im Einzelnen wie folgt durchgeführt;

III.1.5.1. Aufreinigung des PCR-Produkts mit dem Invitrogen-Kit (Pure link PCR purification kit, Cat # k3100-01)

Die Reinigung des PCR-Produkts erfolgte nach folgendem Protokoll: 32 ml Ethanol wurden in den Waschpuffer gegeben, dann wurden 10 ml Isopropanol in den Bindungspuffer gegeben (4 Mal Bindungspuffer in die vorhandene Probe gegeben (bei 15pl dann 60u I Bindungspuffer) und die Proben vortexed. Die Proben wurden in die vom Invitrogen-Kit bereitgestellten Säulen geschoben. Dann wurden diese bei 13000 U/min für 1 Minute in einer Hochgeschwindigkeitszentrifuge (Allegra, Beckman Coulter, USA) zentrifugiert. Das Filtrat wurde in die Röhrchen verworfen und 650 l Waschpuffer in die Säule gegeben. Die Säule wurde 1 Minute lang bei 13000 U/min zentrifugiert und das Filtrat in den Röhrchen verworfen. Die Säulen wurden 2 Minuten lang bei 14000 U/min zentrifugiert (Trockenschleudern), in Eppendrofröhrchen überführt, mit 25 L Elutionspuffer (TAE-Puffer) versetzt und 1 bis 2 Minuten lang bei Raumtemperatur gehalten. Die Säulen wurden verworfen und das Filtrat in einem Eppendrof-Röhrchen aufbewahrt.

III.1.5.2. Sequenzierung der PCR für gereinigte Produkte

3 pl der DTCS-Mischung wurden in die PCR-Gefäße gegeben (im Sequenzierungskit enthalten). Dann wurde 1 pl Vorwärtsprimer der entsprechenden Probe in die PCR-Gefäße gegeben. Im nächsten Schritt wurde jedem PCR-Gefäß 1 l gereinigte PCR-Produkte zugesetzt. Dann wurden jedem PCR-Gefäß 5 l PCR-Wasser zugesetzt und die PCR-Gefäße in einen Thermocycler (Swift maxi, ESCO, USA) gestellt. Das folgende thermische Profil ist in Tabelle 3.6 angegeben.

Tabelle 3.6 Thermisches Profil für die PCR-Sequenzierung

95°C	1 Minute
94°C	30 Sek.
50°C	30 Sek.
72°C	1 Minute
72°C	5 Minuten
04°C	Unendlichkeit

III.1.5.3. Ethanolfällung der PCR-Produkte für die Sequenzierung

Natriumacetat (3M)-2^l/Probe, EDTA (100mM)-2^l/Probe, Glykogen 1LlI Probe wurde vorbereitet. 5pX der oben genannten 3 Reagenzien wurden zu jedem Eppendorf der entsprechenden Probenmarkierung hinzugefügt. Das gesamte gereinigte Sequenzierungs-PCR-Produkt der Sequenzierungs-PCR wurde in jedes Eppendorf gegeben. 60^1 kaltes 95%iges Ethanol wurde hinzugefügt und 15 Minuten lang bei 14000 U/min zentrifugiert. Das Pellet wurde 2 Mal mit 200pt 70%igem Ethanol gespült und 2 Minuten lang bei 14000 U/min zentrifugiert. Der Überstand wurde verworfen und 10 Minuten lang im Vakuum getrocknet (oder bis er trocken war).

III.1.5.4. Prüfung der Proben auf dem Sequenzer (GeXP, BackMann Coulter, USA)

Schalten Sie den Sequenzer ein und entfernen Sie die Befeuchtungsschale und die Probenschale. 70% der Vertiefungen der Pufferplatte wurden mit Trennpuffer gefüllt. Dann wurden 40p I SLS in getrockneten (bebrüteten) Proben in Eppendrofröhrchen hinzugefügt. Die Proben wurden in die Probenplatte (Kunststoffplatte) gegossen, und auf jede Probe wurde 1 Tropfen Öl gegossen. Die Platten wurden wieder in den Sequenzer gestellt und die Software gestartet. Die Option "Setup" wurde ausgewählt und das Proben-Setup wurde gestartet. Die Proben wurden mit Identifikationsnamen versehen und in der Reihe ausgewählt. Die Einstellungen wurden gespeichert und das Programm zur Sequenzierung gestartet. Die Ergebnisse wurden gespeichert und mit dem Datum versehen.

III.1.5.5. Analyse von Sequenzdaten

Das Programm SEQMAN aus der DNASTAR laser-gene suite 8 (Version 8.0.2; DNASTAR, INC, Madison, WI, USA) wurde für die Sequenzzusammenstellung und -bearbeitung verwendet. Die Konsenssequenzen wurden dann in einen Datensatz aufgenommen, der entweder alle in der Gen-Bank verfügbaren Sequenzen (N-Gensequenzen) oder repräsentative Sequenzen für jede Abstammung (N- und F-Gensequenzen) enthält.

Alle Sequenzdatensätze wurden in BioEdit mit dem ClustalW-Algorithmus ausgerichtet und auf gleiche Länge gekürzt. Die Konstruktion der phylogenetischen Bäume erfolgte mit der Methode der Nachbarschaftsverbindung unter Verwendung des Kimura-Zweiparametermodells in MEGA5 Version 5 (CEMI, Tempe, AZ, USA) mit 2000 Replikationen. Die Bootstrap-Werte unter 50 % wurden im Baum nicht angezeigt. Die horizontalen Abstände sind proportional zu den Sequenzabständen.

Um die Gesamttopologie des Baumes zu bestätigen, wurde anschließend ein phylogenetischer Baum unter Verwendung der Bayes'schen Inferenz mit dem Programm Mr-Bayes Version 3.1.2 erstellt. Zwei unabhängige Monte-Carlo-Markov-Ketten (MCM) wurden ausgeführt und alle 1000 Generationen mit den Standardparametern des Priors-Panels abgetastet. Sobald die Ketten Konvergenz erreichten (Standardabweichungswerte unter 0,01), wurden vier Millionen weitere Generationen der MCM ausgeführt.

Die in diesem letzten Schritt gespeicherten Bäume wurden verwendet, um einen Konsensbaum nach dem Mehrheitsprinzip zu erstellen. Die Analyse basierte auf dem GTR + I + G-Modell, das deutlich veränderte Posterior-Wahrscheinlichkeitsschätzungen ermöglicht.

III.2. Sero-Epidemiologie
III.2.1. Auswahl der Probe:

Die Serumproben (19575) von Schafen und Ziegen (die während der Rinderpest-Tilgungskampagne (2005-06) in allen Provinzen/Regionen des Landes gesammelt wurden) wurden in diese Studie einbezogen, um die Sero-Epidemiologie von PPRV in Pakistan zu bestimmen. Für die Untersuchung und Analyse der Serumproben wurde der kompetitive ELISA (cELISA) verwendet. Diese Proben wurden ausgewählt, um die tatsächliche Prävalenz von PPR auf nationaler Ebene an verschiedenen Orten zu ermitteln.

III.2.2. Diagnostik

III.2.2.1. Kompetitiver enzymgekoppelter Immunoassay (cELISA) (Anderson und McKay 1994)
Kompetitive ELISAs mit Anti-N-MAKs wurden für die Untersuchung von Serumproben verwendet, da sie als spezifisch und empfindlich gelten (relative Spezifität: 99,4 % und relative Empfindlichkeit: 94,5 %). cELISAs wurden streng nach dem Schritt-für-Schritt-Verfahren durchgeführt, das im Handbuch des Kits (BDSL, in Zusammenarbeit mit Flow Laboratories und dem Institute for animal health Pirbright, Surrey, England) wie folgt beschrieben ist:

III.2.2.1.1. Vorbereitung der Reagenzien

i. **PPRV-Antigen:** 1 ml doppelt destilliertes Wasser wird dem gefriergetrockneten Inhalt des PPRV-Antigen-Fläschchens zugegeben und vorsichtig gemischt, bis es sich vollständig aufgelöst hat. Dann bei -20°C bis zur Verwendung aufbewahren.

ii. **Monoklonaler Antikörper (MAb):** Zur Herstellung wurde dem gefriergetrockneten Inhalt des Fläschchens ein Milliliter steriles, doppelt destilliertes Wasser zugesetzt und vorsichtig gemischt, bis sich der Inhalt vollständig aufgelöst hatte; anschließend wurde er bei -20 °C gelagert.

iii. **Anti-Maus-HRPO-Konjugat:** In Blocking-Puffer wurde es im Verhältnis 1:100 gelöst

iv. **Serumkontrollen (stark positives, schwach positives und negatives Serum):** Diese wurden durch Zugabe von 1 ml sterilem, bidestilliertem Wasser zum gefriergetrockneten Inhalt des Fläschchens hergestellt und bis zur vollständigen Auflösung gemischt. Sie wurden bis zur weiteren Verwendung bei -20 °C gelagert.

Während des Experiments wurden die Reagenzien (Antigen, MAb und Kontrollseren) bei 4°C oder auf Eis gelagert.

III.2.2.1.2. Herstellung von Verdünnungsmitteln

a) **Phosphatgepufferte Kochsalzlösung (PBS, pH 7,4):** Der mitgelieferte PBS-Beutel wurde in 1 Liter frischem, doppelt destilliertem Wasser aufgelöst und dann bei 4°C gelagert. Sie wurde innerhalb weniger Tage nach der Zubereitung verwendet.

b) **Blockierungspuffer:** Der Blockierungspuffer wird bei Bedarf aus PBS mit 0,1 % Tween-20 und 0,5 % negativem Serum frisch zubereitet.

c) **Chromogen-Substrat-Lösung:** Diese wurde durch Auflösen einer Tablette (30 mg) Orthophenylendiamin (OPD) in 75,0 ml frischem, bidestilliertem Wasser hergestellt und bis zur Verwendung bei -20°C gelagert. Unmittelbar vor der Verwendung wurde 3%ige H_2O_2-Lösung in einer Menge von 4,0 pl H_2O_2 pro ml OPD-Lösung hinzugefügt.

d) **Abstopplösung (1N Schwefelsäure):** 5,45 ml konzentrierte Schwefelsäure auf 94,5 ml destilliertes Wasser, um 1N Schwefelsäure zu erhalten, die in einer verschlossenen, dunkel gefärbten Flasche aufbewahrt wurde.

III.2.2.1.3. Testprotokoll

Das vorbereitete PPRV-Antigen wurde in 1X PBS im Verhältnis 1:100 weiter verdünnt und gut gemischt. 50 ml des PPRV-Antigens wurden in alle Vertiefungen der ELISA-Platte gegeben, und die Platte wurde leicht angeklopft. Die Platte wurde abgedeckt und 60 Minuten lang bei 37°C unter Schütteln der Platte bei 300 U/min bebrütet.

Nach der Inkubation wurde das Material in der Platte verworfen, indem die Platte über dem Waschbecken umgedreht und ruckartig nach unten bewegt wurde. Die Platte wurde dreimal gewaschen, indem die Vertiefungen mit dem Waschpuffer (PBS, viermal mit destilliertem Wasser verdünnt) aufgefüllt und dann der Puffer verworfen wurde, indem die Platte über dem Spülbecken umgedreht und dann kräftig über ein Stück Filterpapier geklopft wurde. Die folgenden Reagenzien wurden dann sehr vorsichtig Schritt für Schritt zugegeben:

    I.   In alle 96 Vertiefungen wurden 40 ml Blocking-Puffer gegeben.

II.   Den Vertiefungen mit monoklonalen Antikörpern zur Kontrolle (Cm) wurden 20 µl zusätzlicher Blocking-Puffer zugesetzt.

III. In die Vertiefungen der Konjugatkontrolle (Cc) wurden jeweils 60 µl zusätzlicher Blockierungspuffer gegeben.

IV. Pro Vertiefung wurden 20 µl jeder Testserumprobe in zwei Vertiefungen mit einer separaten Spitze für jede Probe hinzugefügt (vertikale Duplikate gemäß der mitgelieferten Vorlage).

V. In jede der vier dafür vorgesehenen Vertiefungen der Platte wurde ein 20il der stark positiven Serumkontrolle (C++) gegeben.

VI. Ein 20il der schwach positiven Serumkontrolle (C+) wurde in jede der vier vorgesehenen Vertiefungen der Platte gegeben.

VII. Ein 20il der negativen Serumkontrolle (C-) wurde in jeder der beiden in die dafür vorgesehenen Vertiefungen der Platte.

VIII. In jede Vertiefung der Platte mit Ausnahme der Konjugat-Kontrollvertiefungen (Cc) wurde ein 40il des verdünnten monoklonalen Antikörpers gegeben.

Der Inhalt der Vertiefungen wurde durch leichtes Klopfen an den Seiten der Platte gemischt. Die Platte wurde abgedeckt und eine Stunde lang bei 37 °C auf einem Orbitalschüttler mit kontinuierlichem Schütteln bei einer Geschwindigkeit von 300 U/min bebrütet. Am Ende der Inkubation wurde die Platte aus dem Inkubator genommen und das Verwerfen und Waschen wie oben beschrieben wiederholt.

Im nächsten Schritt wurde verdünntes Anti-Maus-Konjugat (50pl) in alle Vertiefungen der Platte gegeben. Der Inhalt der Vertiefungen wurde durch vorsichtiges Klopfen an den Seiten der Platte gemischt. Die Platte wurde abgedeckt und eine Stunde lang bei 37 °C auf einem Orbitalschüttler mit kontinuierlichem Schütteln bei einer Geschwindigkeit von 300 U/min bebrütet. Nach Abschluss der Inkubation wurde die Platte aus dem Inkubator genommen und wie zuvor beschrieben gewaschen.

Die frisch zubereitete OPD-Substratmischung (50|_il) wurde in alle 96 Vertiefungen der Platte gegeben. Die Platte wurde zusammen mit dem Leerwertmodul für ca. 10 min bei Raumtemperatur (25^0 C) ohne Schütteln inkubiert. Nach der Inkubationszeit wurden 50 ml der Stopplösung (1 M Schwefelsäure) in alle 96 Vertiefungen der Platte und des Leerwertmoduls gegeben. Die Platte wurde an den Seiten angeklopft und bei 492 nm im ELISA-Plattenlesegerät (Multiskan plus, LabSystem) unter Verwendung der EDI-Software abgelesen (von der OIE/IAEA für die Auswertung von c-ELISA-Ergebnissen zur Bewertung von PPR-Antikörpern zugelassen und in der Gebrauchsanweisung des Kits dringend empfohlen).

Die Absorption wurde mit Hilfe der folgenden Formel in den Prozentsatz der Hemmung (PI) umgerechnet:

PI = 100 - (Absorption der Testvertiefungen/Absorption der MAb-Kontrollvertiefungen) x 100

III.2.2.1.4. Interpretation der Ergebnisse

Die Seren, die eine nach der obigen Formel berechnete Hemmung von mehr als 50 % (PI) aufwiesen, wurden als positiv für PPR-Antikörper gewertet, sofern die stark positiven, schwach positiven und negativen Kontrollen in diesen Bereich fielen. Die farblose Vertiefung war der Indikator für eine positive Reaktion. Das Plattenergebnis wurde zurückgewiesen, wenn der PI in der Kontrollgruppe nicht in den erwarteten Bereich fiel (siehe unten):

i. Stark positives Serum (C++): 81 bis 100%

ii. Schwach positives Serum (C+): 51 bis 80%

iii. Negativkontrollserum (C-): -25 bis 25%

iv. Konjugatkontrolle: 91 bis 105%

III.2.3. Analyse der Daten

Die scheinbare Prävalenz wurde anhand der Analyse von Serumproben geschätzt. Die wahre Prävalenz wurde mit dem Schätzer von Rogan und Gladen (1978) geschätzt. Die Daten wurden mit Hilfe von GIS-Software analysiert, um das Krankheitsmuster bei verschiedenen Arten, Geschlechtern, Altersgruppen und Standorten in verschiedenen geografischen Gebieten des Landes zu bewerten. Die Prävalenzschätzungen und die Identifizierung der Risikofaktoren erfolgten mit der Statistiksoftware R.

III.2.3.1. Schätzung der Prävalenz

Für die Schätzung der Prävalenz wurde ein Clusterstichprobenverfahren verwendet, bei dem die Bezirke und die Tierarten (Schafe oder Ziegen) innerhalb der Bezirke als Cluster behandelt wurden. Der Designeffekt und die 95 %-Konfidenzintervalle wurden nach der Cochran-Methode geschätzt. Die Bibliothek Survey des Statistikpakets R wurde für diese Analyse verwendet.

III.2.3.2. Risikofaktoren für eine PPR-Infektion

Für die Ermittlung der Risikofaktoren wurde ein verallgemeinertes lineares gemischtes Modell mit binomialer Fehlerverteilung verwendet. In diesem Modell wurde der Bezirk als Clustervariable verwendet, und die

Faktoren Art, Alter und Geschlecht sowie jegliche Wechselwirkung zwischen diesen Faktoren wurden als feste Effekte verwendet.

III.3. Studie zur Persistenz und Übertragung von PPRV unter Feldbedingungen

Proben aus einem Feldausbruch wurden zunächst zur Bestätigung der Krankheit und später von den Tieren entnommen, die den Ausbruch überlebt hatten. Diese Tiere wurden drei Monate lang nach dem Ausbruch in Abständen von fünfzehn Tagen beprobt. Insgesamt wurden zwanzig Tiere ausgewählt, um die Entwicklung von Antikörpern gegen den Impfstoff achtzehn Monate lang nach der klinischen Erholung zu verfolgen.

Die Proben wurden auf den Antigennachweis untersucht, um die Zeit bis zur Ausscheidung des Virus in den verschiedenen Körpersekreten zu bestätigen/abzuschätzen. Der Antigennachweis wurde mit verschiedenen Tests bestätigt, d. h. Immuno-Capture-ELISA, RT-PCR und Hämagglutination.

3.3.1. Ausbruchsgeschichte

Dieses Ziel der Studie wurde durch eine detaillierte Analyse des PPRV-Ausbruchs in einer Ziegenherde in einem halborganisierten Betrieb in Islamabad, Pakistan, erreicht (Abbildung 1). Bei diesem Ausbruch waren insgesamt 55 sechs Monate alte männliche Beatal-Ziegen betroffen, die hauptsächlich zur Fleischproduktion gehalten wurden. Die Krankheit wies pneumo-enterische klinische Symptome auf, darunter Husten, Pyrexie, erschwerte Atmung, Augen- und Nasenausfluss und Durchfall. Die Tiere wurden je nach Vorhandensein und Schweregrad der klinischen Erkrankung in Gruppen eingeteilt.

3.3.2 Gruppierung der Tiere und Behandlungen

Infolge der Infektion verstarben fünf Tiere (n=5; Gruppe 1), so dass sich die Sterblichkeitsrate für den Ausbruch auf 9,1 % (5/55 Tiere) belief, während weitere 10 Tiere Anzeichen einer schweren klinischen Erkrankung zeigten, ohne der Krankheit zu erliegen (Gruppe 2). Insgesamt wiesen 15 Tiere die klinischen Anzeichen einer PPRV-Infektion auf (27,3 % Morbidität).

Von den verbleibenden 40 Tieren in der Herde zeigten weitere 35 Anzeichen einer leichten klinischen Erkrankung, die nicht allein auf eine klinische PPRV-Infektion zurückgeführt werden konnten (Gruppe 3), und 5 Tiere zeigten keinerlei Anzeichen einer Erkrankung (Gruppe 4). Das Vorhandensein einer klinischen Erkrankung, die mit einer PPRV-Infektion in Einklang steht, wurde vermerkt und für jedes Tier entweder als leicht oder schwer eingestuft.

Die Infektion mit dem PPR-Virus wurde bei Tieren der Gruppen 1 und 2 bestätigt, bei denen eine schwere Erkrankung (Gruppe 2) und der Tod (Gruppe 1) sowohl durch Antigen- als auch durch Antikörpernachweisverfahren festgestellt wurde: Immuno-Capture-ELISA (ICE) und kompetitiver N-Gen-Protein-ELISA (cN-ELISA). Nach einer ersten Bewertung mit ICE und cN-ELISA wurden die Tiere in Gruppen eingeteilt, die entweder geimpft waren und zusammen untergebracht wurden oder nicht geimpft und von den übrigen Tieren getrennt untergebracht waren (Tabelle 3.3.1).

Tabelle 3.7 Gruppierung der Tiere nach Beendigung eines natürlichen Ausbruchs

Gruppe	Klinische Krankheit	Anzahl der Tiere	Geimpft	ICE(+_)	cN-ELISA(+/Gesamtmenge getestet)
1	Gestorben an PPRV	5	k.A.	+	k.A.
2a	Schwere klinische Erkrankung	5	+	+	5/5
2b	Schwere klinische Erkrankung	5	-	+	2/5
3	Mild/nein klinische Erkrankung	35	+	k.A.	17/15a
4	Keine gesehen	5	-	-	0/5

Die Tiere der Gruppe 2 wurden in zwei weitere Gruppen eingeteilt: Gruppe 2a (n=5), die waren alle ICE- und cN-ELISA-positiv und Gruppe 2b (n=5) war ICE-positiv, aber nur 2/5 waren cN-ELISA-positiv. In dieser Situation wurden die Tiere der Gruppen 2a, 2b und 3 zusammen gehalten und untergebracht, während die Tiere der Gruppe 4, die ICE- und cN-ELISA-negativ waren, getrennt untergebracht wurden.

3.3.1.1. Verarbeitung von Proben

Alle untersuchten Tiere wurden zur Identifizierung individuell gekennzeichnet. Erste Antigen-Bewertungen wurden an Augen- und Nasenabstrichen vorgenommen. Kotproben wurden sowohl vor als auch nach der Impfung entnommen, und diese Proben wurden den einzelnen Tieren zugeordnet. Die Kotproben wurden durch Zugabe von 1 ml phosphatgepufferter Kochsalzlösung (PBS, pH 7,2) pro Gramm Fäkalien aufbereitet. Die resultierenden Partikelsuspensionen wurden gründlich gemischt und bei 4^0 C für 48 Stunden gelagert, bevor sie durch Impulszentrifugation gereinigt wurden. Die Überstände wurden geerntet und mit dem Hämagglutinationstest auf das Vorhandensein von virusspezifischem Antigen untersucht, wie in Abschnitt 3.3.2.1 beschrieben.

3.3.2. Methoden zum Antigennachweis

3.3.2.1. Häm-Agglutinationstest (HA)
Der HA-Test wurde wie zuvor beschrieben (Wosu 1985) mit 0,5 % in normaler Kochsalzlösung verdünnten roten Blutkörperchen (RBC) von Schafen durchgeführt. Das Vorhandensein des viralen H-Proteins wurde durch die Agglutination der Erythrozyten angezeigt, die in den Vertiefungen der Mikrotiterplatte ein charakteristisches mattes RBC ergeben. Der Test wurde in einer Mikrotiterplatte mit U-förmigen Vertiefungen durchgeführt, so dass sich die Erythrozyten in den Vertiefungen ohne HA-Aktivität am Boden absetzten und einen deutlichen Erythrozyten-'Knopf' bildeten.

3.3.2.2. Immunocapture-ELISA (ICE)
Der Immunocapture-ELISA (ICE) wurde zur Bestätigung des Vorhandenseins viraler Antigene in Gewebe-, Abstrich- und Stuhlproben verwendet. Das auf monoklonalen Antikörpern basierende ICE-Diagnosekit, hergestellt von Biological Diagnostic Supplies Ltd. (BDSL, Durchfluss Laboratories and the Institute for Animal Health, Pirbright, Surrey, England), wurde für den PPR-Virus-Antigennachweis verwendet (Libeau et al., 1994). Der Test wurde wie in Abschnitt 3.1.3 beschrieben durchgeführt.

3.3.2.3. Molekularer Nachweis von viraler Nukleinsäure
Die gesamte zelluläre RNA wurde aus Gewebe- und Tupferproben extrahiert, um das Vorhandensein von viraler Nukleinsäure mit dem Qiagen RNA-easy-Kit gemäß den Anweisungen des Herstellers zu bestimmen. Die Reverse-Transkriptions-Polymerase-Kettenreaktion (RT-PCR) wurde für das F- und N-Gen des PPR-Virus mit einem Einschritt-RT-PCR-Kit (Qiagen) gemäß den Anweisungen des Herstellers durchgeführt. Die PCR wurde mit PCR-Primern und unter den in Abschnitt 3.2.1 (Forsyth und Barrett, 1995) beschriebenen Bedingungen durchgeführt.

3.3.2.4. Serologischer Nachweis
Der kompetitive ELISA (cN-ELISA, Libeau et al., 1995) wurde verwendet, um das Vorhandensein von PPRV-spezifischen Antikörpern sowohl vor als auch nach der Impfung zu bestimmen. Dieser Test basiert auf einem monoklonalen Antikörper, der für das PPRV-N-Protein spezifisch ist. Die ELISA-Platten wurden mit einem immuno-skan-Reader (BDSL, Finnland) bei einer Wellenlänge von 492 nm abgelesen, und die Daten wurden mit Hilfe der ELISA Data Interchange (EDI)-Software abgerufen und ausgewertet. Die prozentualen Hemmwerte (PI) wurden berechnet und die serologischen Ansprechwerte auf der Grundlage der PI-Werte der

Proben beschrieben. Die Einzelheiten des Testverfahrens und die Interpretation der Ergebnisse sind in Abschnitt 3.2.1 beschrieben.

IV. ERGEBNISSE

Die vorliegende Studie wurde erfolgreich abgeschlossen, um die Epi-Dynamik, die molekulare Epidemiologie, die serologische Prävalenz und die Übertragungsmuster des Peste des petits ruminants virus (PPRV) in Pakistan im Zeitraum 2010-2013 zu bestimmen. Das Hauptziel war es, die aktuellen Schätzungen des gesamten, arten-, alters-, monats- und gebietsweisen Auftretens sowie den molekularen Nachweis von PPRV durch Ic-ELISA, RT-PCR und Sequenzierung zu erhalten. Die Studie beinhaltete auch die umfassende Analyse der ersten landesweiten serologischen Prävalenz von PPR durch die Analyse von Proben, die während der Rinderpest-Tilgungskampagne 2005-06 gesammelt wurden. Sie enthält auch den ersten möglichen Nachweis von PPRV im Kotmaterial der betroffenen Tiere acht Wochen nach dem Ausbruch. Die entscheidende Rolle der Impfung während des Ausbruchsszenarios wurde ebenfalls untersucht und für nützlich befunden.

4.1. Epi-Dynamik des PPRV
4.1.1. Flächenmäßiges Auftreten von PPR

Im Zeitraum von 2010 bis 2013 wurden insgesamt vierundachtzig (84) PPR-Ausbrüche beobachtet und untersucht. Alle Informationen wurden auf einem vorgeschriebenen Formular gesammelt, wobei pneumonisch-enterische Anzeichen als Falldefinition verwendet wurden (Anhang-1). Insgesamt wurden 471 Proben entnommen, von denen 288 Proben positiv auf PPRV-Antigen getestet wurden, was einem positiven Prozentsatz von 61,15 % entspricht (Tabelle 4.1).

Die Seuchenausbrüche traten im ganzen Land auf. Die höchste Zahl von Ausbrüchen wurde aus der Provinz Punjab gemeldet, gefolgt von Sindh und KPK (Khyber Pakhtunkha). Mehr positive Proben wurden aus ICT (Islamabad Capital Territory) im Vergleich zu anderen Regionen gemeldet (Tabelle 4.1).

In der Provinz Punjab wurde die höchste Zahl von Ausbrüchen im nördlichen Punjab (65,79 %) bestätigt, verglichen mit anderen Regionen. Im nördlichen Punjab war das Auftreten in Attock (73,33 %) am höchsten, gefolgt von Chakwal und Rawalpindi. In Zentral-Punjab war das Vorkommen in Jhang (64,29 %) am höchsten, gefolgt von Hafizabad und Faisalabad. Im südlichen Punjab war das Vorkommen in Bahawalpur am höchsten

(77,78 %), während Bahawalnagar und Layyah an zweiter bzw. dritter Stelle lagen (Tabelle 4.2).

In KPK war das Vorkommen in Abbotabad am höchsten (64,29 %), gefolgt von Charsadda und Peshawar. Die Gesamtzahl der PPR-positiven Proben lag bei 59,32 %. In Belutschistan lag die prozentuale Positivität bei 60 %. In Sindh war die Zahl der positiven Proben in Mithi (75 %) am höchsten, gefolgt von TandoJam und Hyderabad.

In Azad-Jammu und Kaschmir (AJK) war das Vorkommen in Kotli am höchsten (80 %), gefolgt von Muzaffarabad und Mirpur. In Gilgit-Baltistan lag sie bei 44,44 %, während sie in ICT (Islamabad Capital Territory) mit 75 % am höchsten war (Tabelle 4.2).

4.1.2. Saisonales Auftreten von PPR

Die Krankheitsausbrüche traten während des gesamten Untersuchungszeitraums auf, wobei sie im Jahr 2011 am stärksten waren, gefolgt vom Jahr 2013, während sie im Vergleich dazu in den Jahren 2010 und 2012 geringer ausfielen (Tabelle 4.3), was auf ein zyklisches Krankheitsgeschehen hindeutet. Obwohl die Krankheit nicht als saisonal betrachtet wird, traten die Krankheitsausbrüche beim Vergleich der Daten von vier Jahren in größerer Zahl von Oktober bis Februar auf. Die Krankheit zeigte über die Jahre einen zyklischen Trend, da die Zahl der Ausbrüche

in einem Jahr gesunken und im nächsten Jahr gestiegen (Abbildung 4.1). Die höchste Anzahl von Ausbrüche gab es im Januar, gefolgt vom Dezember (Abbildung 4.2).

Tabelle 4.1 Zusammenfassung der PPR-Ausbrüche und der untersuchten Proben nach Provinzen und Regionen

Provinz/Region	Nr. der Ausbrüche	Getestete Proben	Positiv	% positiv
Punjab	38	216	125	57.87
KPK	10	59	35	59.32
Belutschistan	3	15	9	60.00
Sindh	21	120	81	67.50
AJK	5	24	13	54.17
Gilgit	2	9	4	44.44
Islamabad	5	28	21	75.00
Gesamt Gesamt	84	471	288	61.15

Tabelle 4.2 Gebietsweise Zusammenfassung der PPR-Ausbrüche und der untersuchten Proben

Provinz/Bezirke	Ausbrüche	Proben Getestet	Positiv	Prozentsatz Positiv
Punjab				
Zentral-Punjab				
Faisalabad	3	20	10	50.00
Jhung	3	14	9	64.29
Gujranwala	2	12	6	50.00
TT singh	1	7	3	42.86
Hafizabad	3	17	9	52.94
Khaniwal	2	13	6	46.15
	14	83	43	51.81
Süd-Punjab				
Bhakkar	2	13	6	38.46
Bahawalpur	3	9	7	77.78
Multan	1	4	2	50.00
Rahim Yar Khan	2	13	5	30.77
Layyah	2	11	7	63.64
Bahawalngar	1	7	5	71.43
	11	57	32	56.14
Nördlicher Punjab				
Khushab	2	12	8	58.33
Chakwal	1	9	5	66.67
Sargodha	2	14	8	42.86
Attock	3	15	11	73.33
Rawalpindi	4	18	13	61.11
Jhelum	1	8	5	62.5
	13	76	50	65.79
Punjab insgesamt	38	216	125	57.87
Khyber PakhtunKhwa				
Peshawar	2	13	8	61.54
Nowshehra	1	6	2	33.33
Charsada	2	11	7	63.64
Kohat	1	5	3	60.00
Abbotabad	2	14	9	64.29
Mardan	2	10	6	60.00
	10	59	35	59.32
Belutschistan				
Quetta	3	15	9	60.00
Sindh				

Tandojam	2	10	7	70.00
Karachi	3	18	10	55.56
Sukkhar	3	13	8	61.54
Mithi	4	24	18	75.00
Noshehroferoz	3	17	11	64.71
Hyderabad	3	19	14	73.68
Jaccobabad	2	13	9	69.23
Jamshoro	1	6	4	66.67
Insgesamt	21	120	81	67.50
Azad Jammu & Kaschmir				
Mirpur	2	9	4	44.44
Muzafarabad	2	10	5	50.00
Kotli	1	5	4	80.00
Insgesamt	5	24	13	54.1667
Gilgit-Baltistan				
Gilgit	2	9	4	44.44
Islamabad Hauptstadt Territorium				
Islamabad	5	28	21	75.00
Gesamt Gesamt	**84**	**471**	**288**	**61.15**

Tabelle 4.3 Monatliche Zusammenfassung der PPR-Ausbrüche und der untersuchten Proben

Monate	Anzahl der Ausbrüche in den einzelnen Jahren			
	2010	2011	2012	2013
Januar	2	4	3	4
Februar	2	3	2	3
März	1	3	1	1
April	1	1	1	1
Mai	1	2	1	2
Juni	1	1	0	0
Juli	0	1	0	1
August	2	2	1	1
September	1	2	1	1
Oktober	1	3	1	4
November	2	4	1	3
Dezember	2	3	2	4
Gesamt Gesamt	**16**	**29**	**14**	**25**

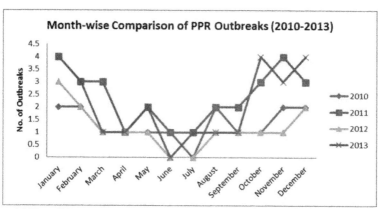

Abbildung 4.1 Monatliches Auftreten von PPR-Ausbrüchen im Zeitraum 2010-2013

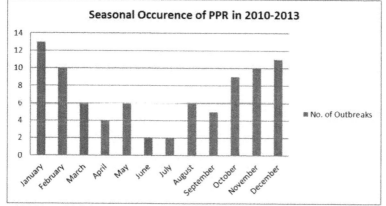

Abbildung 4.2 Saisonale Häufigkeit von PPR-Ausbrüchen im Zeitraum 2010-2013

4.1.3. Artenweises Auftreten von PPR

PPR-Ausbrüche betrafen hauptsächlich Schafe und Ziegen. Bei Schafen verlief die Krankheit weniger schwer als bei Ziegen (Tabelle 4.4 und 4.5). Bei 48 der 84 Ausbrüche trat die Krankheit nur bei Ziegen auf, während 18 Ausbrüche nur Schafe betrafen, während die übrigen in gemischten Beständen auftraten. Insgesamt waren bei diesen Ausbrüchen 6221 Tiere betroffen.

Schafe waren im Vergleich zu Ziegen weniger stark betroffen, da die Morbiditäts-, Mortalitäts- und Falltodrate bei Ziegen höher war. Die Morbiditätsrate betrug 26,79 % bei Schafen im Vergleich zu 34,90 % bei Ziegen. Die Sterblichkeitsrate lag bei Schafen bei 10,83 %, bei Ziegen dagegen bei 16,34 %. Auch die Sterblichkeitsrate war mit 46,82 % bei Ziegen etwas höher als bei Schafen mit 40,41 % (Tabelle 4.4 und 4.5).

Da die Sterblichkeitsraten im Vergleich zu den Angaben in der Literatur recht niedrig sind, deutet dies auf eine mögliche Endemizität der Krankheit hin.

Tabelle 4.4 Verteilung der PPR bei Schafen nach Tierarten

Schafe		
Insgesamt	Kranke	Tot
2568	688	278
MB	MT	CF
26.79%	10.83%	40.41%

MB-Morbidität
MT-Sterblichkeit
CF-Fall Fatalität

Tabelle 4.5 Verteilung der PPR bei Ziegen nach Tierarten

Ziegen		
Insgesamt	Kranke	Tot
3653	1275	597
MB	MT	CF
34.90%	16.34%	46.82%

MB-Morbidität
MT-Sterblichkeit
CF-Fall Fatalität

Ziegen (Abbildung 4.1.3 bis 4.1.5).

Abbildung 4.3 Tiere mit Depressionen und isoliert von der Herde

Abbildung 4.4 Schwere okulo-nasale Entladungen und Mundverletzungen

Abbildung 4.5 Schwere Diarrhöe mit lockerem Stuhlgang

4.1.4. Altersabhängiges Auftreten von PPR

Insgesamt waren alle drei Altersgruppen von Schafen und Ziegen von der Krankheit betroffen, aber die jüngeren Tiere waren mit einer Morbiditätsrate von 37,19 % stärker betroffen. Auch die Sterblichkeits- und Fallzahlen waren bei Jungtieren mit 46,86 % bzw. 17,39 % höher (Tabelle 4.8).

Bei Schafen verursachte die Krankheit hohe Morbiditäts- und Mortalitätsraten bei Tieren der Altersgruppe unter 6 Monaten, die 35,71 bzw. 15,25 % betrugen. Die Sterblichkeitsrate zeigte in allen Altersgruppen einen ähnlichen Trend, während die Sterblichkeitsrate bei jüngeren Tieren höher war als bei älteren (Tabelle 4.6).

Bei Ziegen waren die Morbiditäts-, Mortalitäts- und Falltodraten in den ersten beiden Altersgruppen höher als bei Tieren, die älter als 2 Jahre waren (Tabelle 4.7).

Tabelle 4.6 Altersmäßige Verteilung der PPR bei Schafen

Schafe								
< 6 Monate			6 Monate - 2 Jahre			> 2 Jahre		
Insgesamt	Kranke	Tot	Insgesamt	Kranke	Tot	Insgesamt	Kranke	Tot
1036	370	158	932	202	72	600	116	48
Prozentsatz (%)								
< 6 Monate			6 Monate - 2 Jahre			> 2 Jahre		
MB	MT	CF	MB	MT	CF	MB	MT	CF
35.71	15.25	42.70	21.67	7.73	35.64	19.33	8.00	41.38

Tabelle 4.7 Altersmäßige Verteilung der PPR bei Ziegen

Ziegen								
< 6 Monate			6 Monate - 2 Jahre			> 2 Jahre		
Insgesamt	Kranke	Tot	Insgesamt	Kranke	Tot	Insgesamt	Kranke	Tot
1403	537	267	1296	447	213	954	291	117
Prozentsatz (%)								
< 6 Monate			6 Monate - 2 Jahre			> 2 Jahre		
MB	MT	CF	MB	MT	CF	MB	MT	CF
38.28	19.03	49.72	34.49	16.44	47.65	30.50	12.26	40.21

Tabelle 4.8 Altersmäßige Gesamtverteilung der PPR bei Schafen und Ziegen

Schafe und Ziegen insgesamt								
< 6 Monate			6 Monate - 2 Jahre			> 2 Y Ohren		
Insgesamt	Kranke	Tot	Insgesamt	Kranke	Tot	Insgesamt	Kranke	Tot
2439	907	425	3160	649	285	1554	407	165
Prozentsatz (%)								
< 6 Monate			6 Monate - 2 Jahre			> 2 Y Ohren		
MB	MT	CF	MB	MT	CF	MB	MT	CF
37.19	17.43	46.86	20.54	9.02	43.91	26.19	10.62	40.54

MB-Morbidität
MT-Sterblichkeit
CF-Fall Fatalität

4.1.5. Genetische Charakterisierung von ausgewählten Isolaten

Die im Rahmen dieser Studie sequenzierten PPRV-Proben (insgesamt 12 Isolate, die nach geografischen Gesichtspunkten ausgewählt wurden) wiesen Ähnlichkeiten auf und wurden in der Linie IV geclustert, die für asiatische Isolate steht (in den phylogenetischen Bäumen in Tabelle 4.9 gekennzeichnet).

Der Nachweis und die Bestätigung von PPRV durch RT-PCR-Amplifikation auf der Basis des F- und N-Gens mit den Primern F1b/F2d und F1/F2 ergab erwartete Amplikons von 328 bzw. 372 bp (Abbildung 4.6). Insgesamt wurden 20 repräsentative Proben für die Sequenzierung ausgewählt. Die Viren der verschiedenen Standorte (Islamabad, Taxilla, Khaniwal, Layyah, Attock, Faisalabad, Sargodha, Rawalpindi, TandoJam und Mithi) wurden auf molekulare Epidemiologie untersucht.

Die Ergebnisse des phylogenetischen Stammbaums zeigten, dass alle pakistanischen PPRV-Stämme, unabhängig vom verwendeten Gen (F oder N), in der Linie IV, der bekanntesten und am weitesten verbreiteten Linie Asiens, geclustert waren. Derzeit wird empfohlen, das N-Gen für die epidemiologische Auswertung zu verwenden, da dieses Gen ein besseres Verteilungsmuster der PPRV-Stämme ergibt. Während sowohl die F- als auch die N-Gene die PPRV-Stämme in vier Linien klassifizieren, war die Verteilung der pakistanischen PPRV-Stämme stärker gestreut, da das Isolat aus Taxila im Vergleich zu den übrigen Isolaten aus Pakistan leicht unterschiedlich geclustert war, während auf der Grundlage des F-Gens alle pakistanischen Stämme im selben Zweig geclustert waren (Abbildung 4.7, 4.8 und 4.9). Diese Ergebnisse bestätigen die Eignung der N-Gen-basierten phylogenetischen Analyse der PPRV-Stämme. Auf der Grundlage der N-Gen-Analyse wurden alle pakistanischen Isolate näher an die in den 90er Jahren gemeldeten Isolate aus Saudi-Arabien und dem Iran gruppiert, während die F-Gen-Analyse die Gruppierung der hier gemeldeten PPRV-Stämme mit den zuvor gemeldeten pakistanischen Stämmen innerhalb derselben Linie, der Linie IV, ergab.

4.1.5.1. Identität der Sequenz

Mit Hilfe des Clustal W Alignment Tools in BioEdit wurden die Sequenzen der F- und N-Gene aneinander ausgerichtet und ihre Nukleotid- und Aminosäureähnlichkeit grafisch dargestellt. Wie in den Abbildungen 4.10 und 4.11 dargestellt, sind alle in dieser Arbeit berichteten Sequenzen einander sehr ähnlich und weisen mindestens 15 Substitutionen im gesamten Abschnitt des N-Gens und 11 Substitutionen in den F-Genen auf. Die meisten dieser Substitutionen sind synonym und wirken sich daher nicht auf die endgültige Aminosäuresequenz aus, die bei allen Isolaten mit Ausnahme des Faisalabad-Stammes ein hohes Maß an Aminosäureidentität aufweist. Dieser Stamm hat aufgrund einer Verschiebung des offenen Leserasters eine einzigartige Sequenz im Vergleich zu den übrigen pakistanischen Stämmen, über die in dieser Arbeit berichtet wurde (Abbildung 4.12 und 4.13). Es wäre sinnvoll, die genaue biologische Rolle dieser Substitutionen und ihre Auswirkungen auf die Pathobiologie von PPRV in Zukunft zu untersuchen.

4.1.5.2. Prozentuale Identitäts- und Divergenzmatrix

Der direkte Vergleich der Nukleotidsequenzen aller in dieser Studie gemeldeten pakistanischen PPRV-Stämme zeigt, dass diese eine hohe Nukleotididentität von 93 % bis 99 % beim N-Gen und von 94 % bis 100 % beim F-Gen aufweisen (Abbildung 4.14 und 4.15). Die entsprechenden Divergenzen deuten auf einzigartige Stämme hin, die aus einzelnen Ausbrüchen gemeldet wurden, sowie auf die internen Variationen zwischen diesen PPRV-Stämmen, die in der Population kleiner Wiederkäuer in Pakistan verbreitet sind. Trotz unseres umfassenden Verständnisses der Prävalenz von PPRV in Pakistan fehlt es uns an Wissen über Quasi-Spezies-Variationen innerhalb derselben Population, wie aus den in dieser Analyse präsentierten Ergebnissen hervorgeht, die künftige Untersuchungen zur Erforschung der Art dieser Variationen und ihrer biologischen Auswirkungen auf die Pathogenese der Krankheit rechtfertigen.

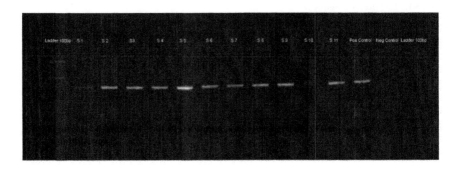

Tabelle 4.9 Liste der PPRV-Isolate, die für die Sequenzierung des F- und N-Gens verwendet wurden

Sr#	Beschreibung von Isolate	Gebiet des Ausbruchs	Verwendet für
1.	Pakistan/Islamabad/NVL1/2012	Islamabad	N-Gen
2.	Pakistan/Khaniwal/NVL2/2012	Khaniwal	N-Gen
3.	Pakistan/Taxilla/NVL3/2011	Taxilla	N-Gen
4.	Pakistan/Taxilla/NVL4/2012	Taxilla	N-Gen
5.	Pakistan/Layyah/NVL5/2013	Layyah	N-Gen
6.	Pakistan/Attock/NVL6/2013	Attock	N-Gen
7.	Pakistan/Faisalabad/NVL7/2012	Faisalabad	F-Gen
8.	Pakistan/Sargodha/NVL8/2012	Sargodha	F-Gen
9.	Pakistan/Sargodha/NVL9/2011	Sargodha	F-Gen
10.	Pakistan/Rawalpindi/NVL 10/2012	Rawalpindi	F-Gen
11.	Pakistan/TandoJam/NVL11/2011	TandoJam	F-Gen
12.	Pakistan/Mithi/NVL 12/2011	Mithi	F-Gen

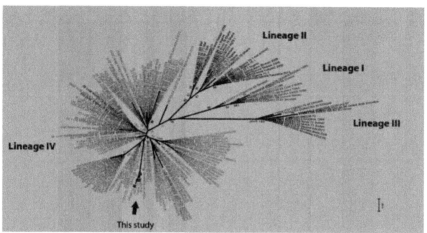

Zeigt aktuelle Studie PPRV-Stämme
Figure 7   7 Phylogenetische Analyse von PPRV-Isolaten (diese Studie) aus der ganzen Welt hinsichtlich
des F-Gens

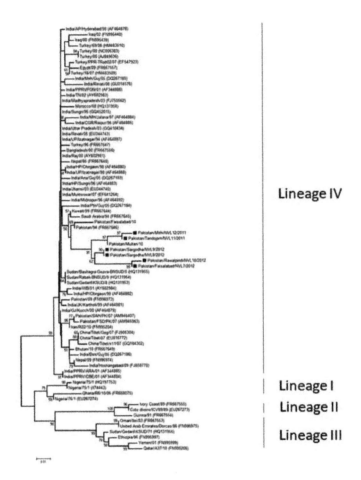

Zeigt aktuelle Studie PPRV-Stämme
Figure 8   8 Phylogenetische Analyse der PPRV-Isolate hinsichtlich des F-Gens

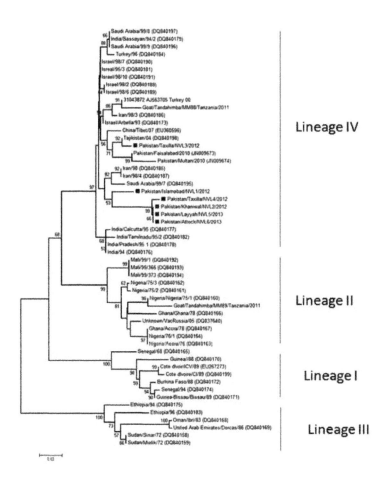

Zeigt aktuelle Studie PPRV-Stämme

Abbildung 4.9 Phylogenetische Analyse der PPRV-Isolate hinsichtlich des N-Gens

```
                                          10        20        30        40        50        60        70
                                    ....|....|....|....|....|....|....|....|....|....|....|....|....|....|
Pakistan/Faisalabad/NVL7/2012       GCTTCGTCCGTGATAACCAAGAATGTAAGACCAATTCAAACTCTGAC CCTGGGC TAGAACTCGCCGTT
Pakistan/Sargodha/NVL8/2012         ....T.........................................A.......GT.............
Pakistan/Sargodha/NVL9/2012         ....T...................................A.......GT...................
Pakistan/Rawalpindi/NVL10/2012      .......................................................................
Pakistan/Tandojam/NVL11/2011        ....T.C................G.................A.......GT..................
Pakistan/Mithi/NVL12/2011           ....T.C................G................A.......GT...................

                                          80        90       100       110       120       130       140
                                    ....|....|....|....|....|....|....|....|....|....|....|....|....|....|
Pakistan/Faisalabad/NVL7/2012       TTGCTGGAGCTGTCCTGGCCGGAGTAGCACTTGGAGTTGCGACACCCGCTGTGATAACTGCAGGAGTCGC
Pakistan/Sargodha/NVL8/2012         ..........................................G..........................
Pakistan/Sargodha/NVL9/2012         ..........................................G..........................
Pakistan/Rawalpindi/NVL10/2012      .......................................................................
Pakistan/Tandojam/NVL11/2011        ...............................................C.G.................G
Pakistan/Mithi/NVL12/2011           ...............................................C.G.................G

                                         150       160       170       180       190       200       210
                                    ....|....|....|....|....|....|....|....|....|....|....|....|....|....|
Pakistan/Faisalabad/NVL7/2012       CCTTCATCAATCATTGATGAACTCCCATGCAATGGAGAGTTT AAAAACCAGTCTCGAGAAGTCGAATCA
Pakistan/Sargodha/NVL8/2012         ...........G..G.................T.......T.................T..........
Pakistan/Sargodha/NVL9/2012         ........C..G.....................T.......T.................T..........
Pakistan/Rawalpindi/NVL10/2012      .......................................................................
Pakistan/Tandojam/NVL11/2011        G........................................T..................T........
Pakistan/Mithi/NVL12/2011           G.......A................................T..........C...T...........

                                         220       230       240       250       260       270       280
                                    ....|....|....|....|....|....|....|....|....|....|....|....|....|....|
Pakistan/Faisalabad/NVL7/2012       GGCAATAGAAGAAATCAGACTTGCAAACAAGGAGACCATACTGGCAGTACAGCGCGTTCAGGATTATATC
Pakistan/Sargodha/NVL8/2012         ..........................T..............................C..........
Pakistan/Sargodha/NVL9/2012         ..........................T..............................C..........
Pakistan/Rawalpindi/NVL10/2012      .......................................................................
Pakistan/Tandojam/NVL11/2011        ...........................T..............................C..........
Pakistan/Mithi/NVL12/2011           ...........................T..............................C..........

                                         290       300       310       320
                                    ....|....|....|....|....|....|....|....|
Pakistan/Faisalabad/NVL7/2012       AACAACGAGCTTGTCCCTTCTGTTCAAAGAATGTCATGCGA
Pakistan/Sargodha/NVL8/2012         .....T..................A...............
Pakistan/Sargodha/NVL9/2012         .....T..................A...............
Pakistan/Rawalpindi/NVL10/2012      ..................................GC....
Pakistan/Tandojam/NVL11/2011        .....T................T.................
Pakistan/Mithi/NVL12/2011           .....T................T.................
```

Abbildung 4.10 Nukleotidabgleich der F-Gene der PPRV-Stämme

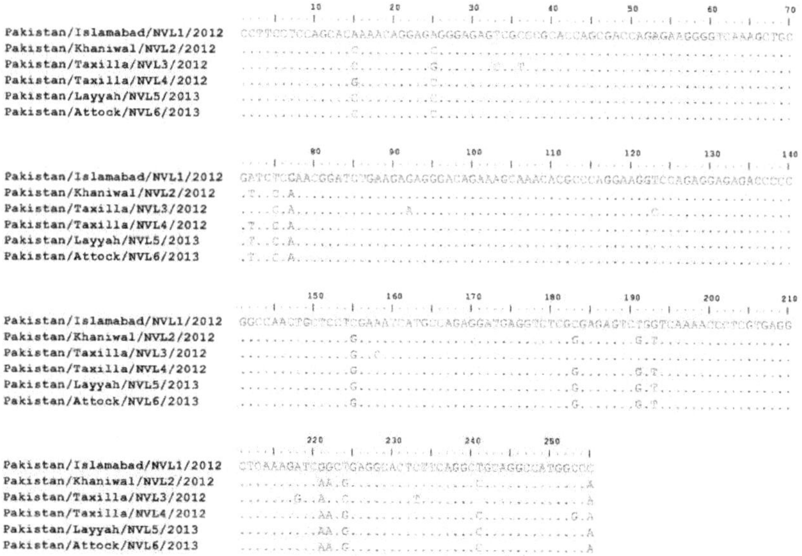

Figure 11 1 Nukleotidabgleich der N-Gene der PPRV-Stämme

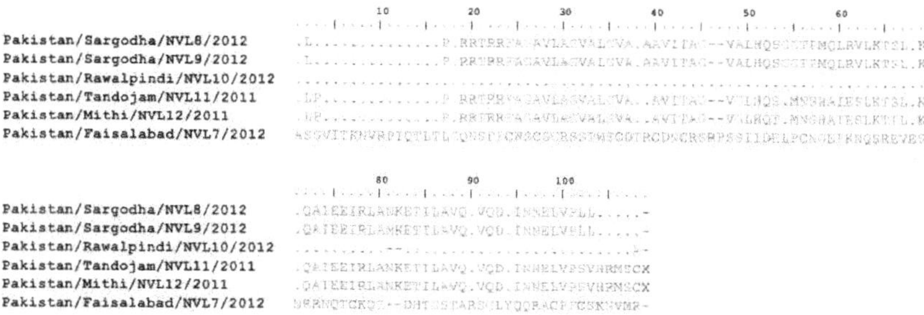

Figure 12 2 Aminosäure-Alignment der F-Gene der PPRV-Stämme

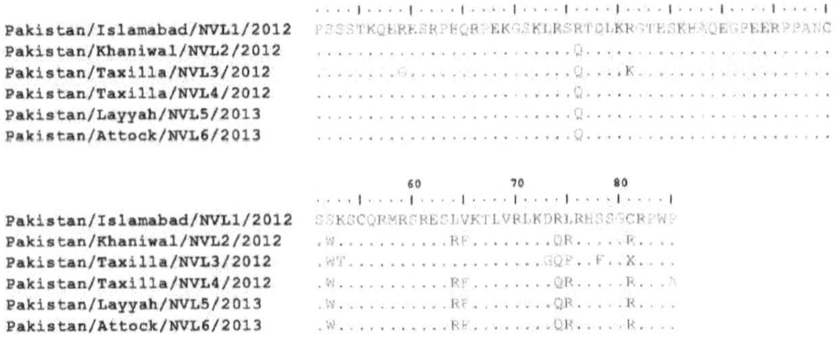

```
                              10         20         30         40         50
                         ....|....|....|....|....|....|....|....|....|....|
Pakistan/Islamabad/NVL1/2012   PSSTKQERESRPHQRPEKGSKLRSRTQLKRSTESKHAQEGPEERPPANG
Pakistan/Khaniwal/NVL2/2012    ...............................Q................
Pakistan/Taxilla/NVL3/2012     ........G......................Q....K............
Pakistan/Taxilla/NVL4/2012     ...............................Q................
Pakistan/Layyah/NVL5/2013      ...............................Q................
Pakistan/Attock/NVL6/2013      ...............................Q................

                              60         70         80
                         ....|....|....|....|....|....|....|
Pakistan/Islamabad/NVL1/2012   SSKSCQRMRSRESLVKTLVRLKDRLRHSSSCRPWP
Pakistan/Khaniwal/NVL2/2012    .W............RF........QR.....R...
Pakistan/Taxilla/NVL3/2012     .WT...................GQP..F..X....
Pakistan/Taxilla/NVL4/2012     .W............RF........QR.....R..A
Pakistan/Layyah/NVL5/2013      .W............RF........QR.....R...
Pakistan/Attock/NVL6/2013      .W............RF........QR.....R...
```

Figure 13   3 Aminosäure-Alignment der N-Gene der PPRV-Stämme

Prozentsatz Identität

	1	2	3	4	5	6	
1		96.5	96.5	99.4	95.6	95.0	1 Pakistan/Faisalabad/NVL7/2012
2	3.6		100.0	95.9	96.8	96.2	2 Paki sta n/S a rg o d h a/N VL8/2 012 / Pakistan/Sargodha/NVL9/2012 / Pakistan/Rawalpindi/NVL10/2012
3	3.6	0.0		95.9	96.8	96.2	3 Paki sta n/Tandojam/NVL11/2011
4	0.6	4.2	4.2		95.0	94.3	4 Pakistan/Mithi/NVL12/2011
5	4.5	3.2	3.2	5.2		99.4	5
6	5.2	3.9	3.9	5.9	0.6		6
	1	2	3	4	5	6	

Divergence

Figure 14   4 Prozentuale Nukleotididentität zwischen den F-Genen des PPRV-Stamms

Prozentsatz Identität

	1	2	3	4	5	6	
1		94.5	94.1	94.1	94.5	94.5	1 Pakistan/Islarnabad/NVL1 /2012
2	5.7		94.5	99.2	100.0	100.0	2 Pakistan/Khaniwal/NVL2/2012
3	6.2	5.7		93.7	94.5	94.5	3 Pakistan/Taxilla/NVL3/2012
4	6.1	0.8	6.6		3'3.2	99.2	4 Pakistan/Taxilla/NVL4/2012
5	5.7	0.0	5.7	0.8		100.0	5 Pakistan/Layyah/NVL5/2013
6	5.7	0.0	5.7	0.8	0.0		6 Pakistan/Attock/NVL6/2013
	1	2	3	4	5	6	

Divergence

Figure 15   5 Prozentuale Nukleotididentität zwischen den N-Genen der PPRV-Stämme

4.2. Sero-Epidemiologie der PPR
4.2.1. Sero-Prävalenz insgesamt

Die Analyse wurde für das Land im Allgemeinen und für die einzelnen Provinzen durchgeführt. Die Laborergebnisse für die einzelnen Provinzen sind in Tabelle 4.10 zusammengefasst. Insgesamt waren 27,53 Prozent der Proben positiv für PPR-Antikörper. Der Anteil war in der Provinz Belutschistan im Vergleich zu den anderen am höchsten. Sindh lag mit 33,98 % positiven Proben an zweiter Stelle, gefolgt von Punjab und Gilgit-Baltistan (GB). Am niedrigsten war die PPR-Prävalenz in Azad Jammu & Kashmir und Khyber Pakhtun Khwa (KPK) mit 9,93 bzw. 19,83 % (Tabelle 4.14).

4.2.2. Flächenmäßiger Vergleich der Ergebnisse

Die geschätzte Prävalenz, aufgeschichtet nach Bundesländern und Arten, ist in Tabelle 4.14 angegeben und in Abbildung 4.16 dargestellt. Bei Betrachtung der geschätzten Konfidenzintervalle konnten signifikante Unterschiede in der Gesamtprävalenz zwischen Regionen und Arten festgestellt werden

So ist beispielsweise festzustellen, dass die Prävalenz (sowohl bei Schafen als auch bei Ziegen) in Azad Jammu & Kashmir deutlich niedriger ist als in den übrigen Provinzen. Im Gegensatz dazu ist die Prävalenz in Belutschistan deutlich höher als in den übrigen Provinzen (Abbildung 4.16 und 4.17).

4.2.2.1. Sero-Prävalenz auf Provinzebene

4.2.2.1.1. Prävalenz der PPR in Belutschistan

Eine hohe Prävalenz von PPR bei Ziegen wurde in den Gebieten von Dera bughti, Khuzdar, Kohlu und Awaran festgestellt, während sie in Kalat, Naseerabad, Pashin und Zoob niedriger war. Die höchste Prävalenz von PPR wurde mit 75 % (0,75) in Dera bughti festgestellt, während die niedrigste Prävalenz bei 22 % (0,218) in Kalat lag (Abbildung 4.3) (Tabelle 4.16). Bei der Schafpopulation waren die Gebiete mit hoher Prävalenz Dalbadin, Kohlu, Dera bughti und Awaran, während die niedrige Prävalenz in Lasbella, Jafferabad und Panjgur lag. Die höchste Prävalenz bei Schafen wurde mit 93 % (0,9393) in Dalbadin festgestellt, die niedrigste in Lasbella mit rund 5 % (0,0571) (Tabelle 4.16) (Abbildung 4.16, 4.19, 4.2.5).

4.2.2.1.2. Prävalenz von PPR in Khyber Pakhtunkha (KPK)

Bei Ziegen in KPK wurde eine hohe Prävalenz von PPR in Tank, Kohat, Noshera und Haripur festgestellt, während sie in Mansehra, Karak, Swabi und Peshawar niedriger war. Die höchste Prävalenz wurde mit rund 85 % (0,856) in Tank festgestellt, die niedrigste Prävalenz mit rund 3 % (0,026) in Mansehra. Bei den Schafen war die Prävalenz in Tank, Hangu, Noshera, Kohat und Mardan am höchsten, während sie in den Gebieten von Buner, Karak, der Agentur Kurrum und Peshawar am niedrigsten war. Die höchste Prävalenz von PPR lag bei 81 % (0,81) in Tank, die niedrigste bei etwa 4 % (0,04) in Buner (Abbildungen 4.21, 4.22 und 4.23) (Tabelle 4.17).

4.2.2.1.3. Prävalenz von PPR in Khyber Punjab

Im Punjab waren die Gebiete mit hoher Prävalenz von PPR bei Ziegen Gujrat, Lodhran, Bahawalpur, Bahawalnagar und Sialkot, während die Gebiete mit niedriger Prävalenz Hafizabad, MB din, Gujranwala und Layyah waren. Die höchste Prävalenz wurde mit 93 % (0,928) in Gujrat festgestellt, während die niedrigste Prävalenz bei 15 % (0,147) in MB din lag. Bei den Schafen war der Trend ähnlich: Die Gebiete mit hoher Prävalenz waren Gujrat, Rahim Yar khan, Rajanpur, DG Khan und Kasur. Die höchste Prävalenz wurde mit 95 % (0,9545) in Gujrat und die niedrigste Prävalenz in Jhang mit 2 % (0,021) festgestellt (Abbildungen 4.24, 4.25 und 4.26) (Tabelle 4.18).

4.2.2.1.4. Prävalenz von PPR in Sindh

In der Provinz Sindh war die Seroprävalenz von PPR bei Ziegen in Mithi, Larhkana, Baddin, Sukkar und Dadu am höchsten, während die Prävalenz in Ghotki, Hyderabad, Karachi und Jacobabad niedrig war. Die höchste Seroprävalenz war in Mithi mit rund 63 % (0,625) zu verzeichnen, während sie in Ghotki mit rund 12 % (0,119) am niedrigsten war. Bei den Schafen waren die Gebiete mit der höchsten Seroprävalenz Mithi, Sanghir, Badin und Dadu, während die Gebiete mit der niedrigsten Prävalenz Hyderabad, Jacobabad, Ghotki und Nawabshah waren. Die höchste Seroprävalenz war in Mithi mit etwa 73 % (0,729), die niedrigste in Hyderabad mit etwa 6,5 % (0,066) (Abbildungen 4.27, 4.28 und 4.29) (Tabelle 4.19).

4.2.2.1.5. Prävalenz von PPR in Gilgit Baltistan

In Gilgit Baltistan waren die Gebiete mit hoher Seroprävalenz für PPR bei Ziegen Gilgit und Sakardu, während die Gebiete mit niedriger Prävalenz Diamer und Astore waren. Die höchste Seroprävalenz war in Gilgit mit rund 44 % (0,436) zu verzeichnen, während sie in Diamer mit 10 % (0,1) am niedrigsten war. Bei Schafen war ein ähnlicher Trend zu beobachten: Die Gebiete mit hoher Prävalenz waren Gilgit und Astore, während die Gebiete mit niedriger Prävalenz Ghizer und Sakardu waren. Die höchste Seroprävalenz war in Gilgit mit 39 % (0,3889), die niedrigste in Ghizer mit einer Prävalenz von 14,5 % (0,145) (Abbildungen 4.30, 4.31 und 4.32) (Tabelle 4.20).

4.2.2.1.6. Prävalenz von PPR in AJK

In AJK waren die Gebiete mit hoher Prävalenz von PPR bei Ziegen Mirpur und Bagh, während die Gebiete mit niedriger Prävalenz Sudhnuti und Kotli waren. Die höchste Seroprävalenz war in Mirpur mit rund 33 % (0,327), die niedrigste in Sudhnuti mit 0,3 %. (0.003). Bei Schafen war die Prävalenz in Mirpur und Bagh hoch, während sie in Kotli niedrig war (Abbildung 4.33, 4.34 und 4.35) (Tabelle 4.21).

Die Seroprävalenz von PPR in der pakistanischen Schaf- und Ziegenpopulation ist in den Abbildungen 4.36 und 4.37 dargestellt.

4.2.3. Statistische Analyse der Risikofaktoren

Es wurden weder signifikante Wechselwirkungen noch Unterschiede im Infektionsrisiko zwischen Schafen und Ziegen (Arten) festgestellt (p > 0,05). Der Effekt der Tierart ist in Tabelle 4.15 nicht aufgeführt, da er nicht signifikant ist. Mit anderen Worten, die Odds Ratio zwischen Schafen und Ziegen ist 1 oder liegt nahe bei eins.

Die Zusammenfassung der Verteilung der Prävalenz (y-Achse) nach Tierart (Schafe = oberste Zeile, Ziegen = unterste Zeile), Alter (1 = < Jahr, 2 = 1 - 3 Jahre, 3 = > 3 Jahre) und nach Provinz (x-Achse) ist in Tabelle 4.15 dargestellt. Die Daten sind in Boxplots zusammengefasst, wobei die schwarzen Punkte den Median der Prävalenz, die Ränder der Boxen die Quartile 1st und 3rd und die Balken die Spanne darstellen. Anhand der Kästchen und der Mediane lassen sich mögliche statistische Unterschiede (die sich nicht überschneiden) zwischen Provinzen, Altersgruppen oder Arten erkennen (Tabelle 4.11, 4.12, 4.13 und 4.14) (Abbildung 4.16 und 4.17).

Signifikante Risikofaktoren waren Geschlecht und Alter. Männer haben ein geringeres Risiko (Odds = 0,69 95% Konfidenzintervall (CI: 0,64 - 0,75), sich mit PPR zu infizieren, als Frauen. Dies lässt sich anhand der geschätzten oberen Konfidenzgrenze (UCL) bestätigen, die unter 1 liegt.

Tiere zwischen 1 und 3 Jahren haben ein geringeres Risiko [Odds = 0,73 (95% CI: 0,66 - 0,81)] als Tiere < 1 Jahr, während Tiere > 3 Jahre ein höheres Risiko (Odds = 1,35 (95%CI 1,25 - 1,48) als Tiere < 1 Jahr haben (Tabelle 4.15).

Tabelle 4.10 Auftreten von PPR-positiven Serumproben in den einzelnen Provinzen

Sr.#	Provinz/Region	Insgesamt Proben	Proben positiv	Prozentsatz positiv
1	KPK	4231	839	19.83
2	Punjab	4326	1420	32.83
3	Sindh	3679	1250	33.98
4	Belutschistan	3092	1180	38.16
5	AJK	2035	202	9.93
6	GB	2212	498	22.51
	Insgesamt	**19575**	**5389**	**27.53**

Tabelle 4.11 Speziesbezogenes Auftreten von PPR-positiven Serumproben

Sr.#	Specie	Proben insgesamt	Proben Positiv	Prozentsatz positiv
1	Schafe	6113	1801	29.46
2	Ziege	13462	3588	26.65

Tabelle 4.12 Geschlechtsspezifisches Auftreten von PPR-positiven Serumproben

Sr.#	Sex	Proben insgesamt	Proben positiv	Prozentsatz positiv
1	Männlich	5774	1457	25.23
2	Weiblich	13801	3932	28.49

Tabelle 4.13 Alter des Auftretens von PPR-positiven Proben

Sr.#	Alter	Proben insgesamt	Proben Positiv	Prozentsatz positiv
1	Altersklasse-1	5608	1509	26.91
2	Altersklasse-2	4587	986	21.50
3	Altersklasse-3	9380	2894	30.85
	Insgesamt	19575	5389	27.53

Tabelle 4.14 Prävalenz von PPR bei Schafen und Ziegen in den einzelnen Gebieten/Provinzen

Provinz	Arten	Prävalenz	LCL	UCL
AJ&K*	Ziege	0.089016	0.02726	0.150773
BA**	Ziege	0.416296	0.366536	0.466055
GB***	Ziege	0.239676	0.166997	0.312354
KP****	Ziege	0.149976	0.122355	0.177597
Punjab	Ziege	0.345368	0.292631	0.398104
Sindh	Ziege	0.302896	0.245168	0.360624
AJ&K	Schafe	0.032159	0.006561	0.057758
BA	Schafe	0.389913	0.32379	0.456036
GB	Schafe	0.184701	0.136989	0.232413
KP	Schafe	0.20987	0.152753	0.266988
Punjab	Schafe	0.254271	0.193226	0.315316
Sindh	Schafe	0.334215	0.251867	0.416564

*AJ&K: Azad- Jammu und Kaschmir
**BA: Belutschistan
***GB: Gilgit Baltistan
****KP: Khyber Pakhtunkhwa

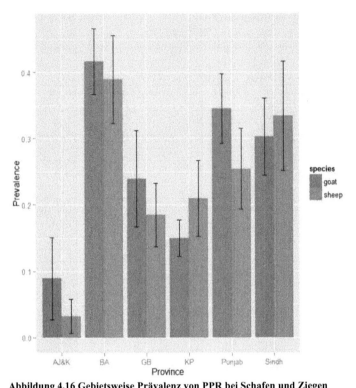

Abbildung 4.16 Gebietsweise Prävalenz von PPR bei Schafen und Ziegen

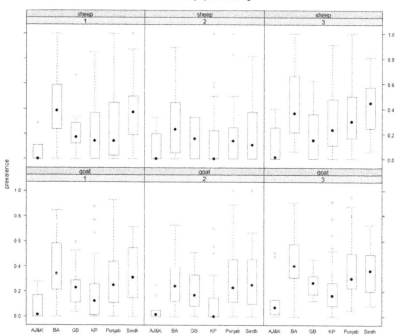

Abbildung 4.17 Altersabhängige Prävalenz von Schafen und Ziegen in verschiedenen Gebieten

Tabelle 4.15 Risiko einer PPR-Infektion, ausgedrückt als Odd Ratio

	ODD	LCL	UCL
Weiblich	1		
Männlich	0.691011	0.637503	0.749011
< 1 Jahr	1		
[1,3] Jahre	0.73424	0.662427	0.813839
> 3 Jahre	1.35776	1.249677	1.475191

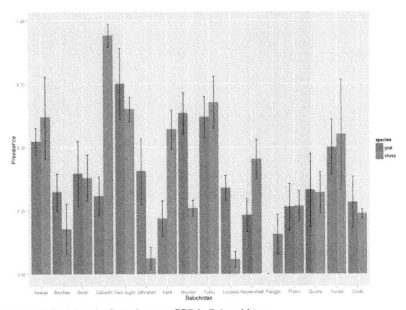

Abbildung 4.18 Bezirksweise Prävalenz von PPR in Belutschistan

BALOCHISTAN

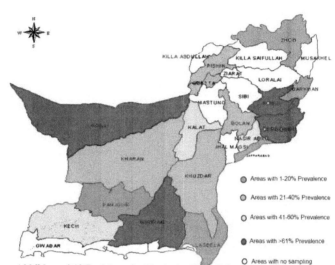

Abbildung 4.19 Bezirksweise Karte der PPR-Prävalenz in der Schafpopulation von Belutschistan

Abbildung 4.20 Bezirksweise Karte der PPR-Prävalenz in der Ziegenpopulation von Belutschistan

Bereich	Arten	Prävalenz	LCL	UCL
Awaran	Ziege	0.52380952	0.471321	0.576298
Barkhan	Ziege	0.32352941	0.251836	0.395223
Bolan	Ziege	0.39655172	0.268692	0.524412
Dalbadin	Ziege	0.30693069	0.231409	0.382453
Dera bughti	Ziege	0.75	0.611071	0.888929
Jafferabad	Ziege	0.40506329	0.27638	0.533746
Kalat	Ziege	0.21818182	0.148827	0.287537
Khuzdar	Ziege	0.63414634	0.552177	0.716116
Kohlu	Ziege	0.61842105	0.536718	0.700124
Lasbella	Ziege	0.33928571	0.291063	0.387509
Naseerabad	Ziege	0.23178808	0.166701	0.296875
Panjgur	Ziege	0	0	0
Pishin	Ziege	0.26356589	0.172541	0.354591
Quetta	Ziege	0.32989691	0.185464	0.474329
Turbat	Ziege	0.5	0.391557	0.608443
Zooab	Ziege	0.28333333	0.182476	0.384191
Awaran	Schafe	0.61818182	0.457898	0.778466
Barkhan	Schafe	0.17777778	0.079747	0.275809
Bolan	Schafe	0.37804878	0.286795	0.469303
Dalbadin	Schafe	0.93939394	0.894696	0.984092
Dera bughti	Schafe	0.65	0.601543	0.698457
Jafferabad	Schafe	0.0617284	0.018196	0.105261
Kalat	Schafe	0.56923077	0.493307	0.645155
Khuzdar	Schafe	0.25988701	0.228595	0.291179
Kohlu	Schafe	0.67605634	0.573902	0.778211
Lasbella	Schafe	0.05714286	0.025694	0.088592
Naseerabad	Schafe	0.45205479	0.373554	0.530556
Panjgur	Schafe	0.15492958	0.07816	0.231699
Pishin	Schafe	0.26666667	0.207442	0.325891
Quetta	Schafe	0.32142857	0.240042	0.402815
Trurbat	Schafe	0.55	0.333529	0.766471
Zooab	Schafe	0.23728814	0.218601	0.255975

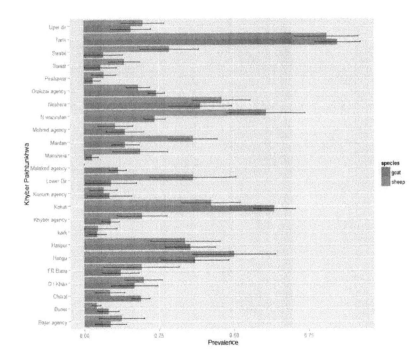

Abbildung 4.21 Bezirksweise Prävalenz von PPR in Khyber Pakhtunkha (KPK)

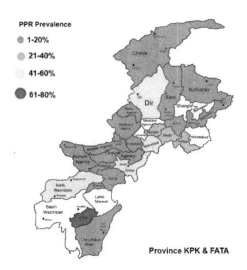

Abbildung 4.22 Bezirksweise Karte der PPR-Prävalenz in der Schafpopulation von KPK und FATA

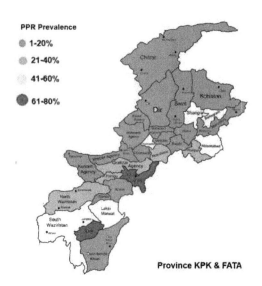

Abbildung 4.23 Bezirksweise Karte der PPR-Prävalenz in der Ziegenpopulation von KPK und FATA

Bereich	Arten	Prävalenz	LCL	UCL
Agentur Bajur	Ziege	0.0875	0.035231	0.139769
Buner	Ziege	0.08	0.044755	0.115245
Chitral	Ziege	0.188679	0.157892	0.219466
D.I. Khan	Ziege	0.166667	0.088929	0.244404
FR Banu	Ziege	0.121827	0.060936	0.182718
Hangu	Ziege	0.37037	0.259509	0.481231
Haripur	Ziege	0.354839	0.271474	0.438204
Kark	Ziege	0.043411	0.014131	0.072691
Agentur Khyber	Ziege	0.087912	0.05856	0.117264
Kohat	Ziege	0.635135	0.56619	0.70408
Kurrum Agentur	Ziege	0.084112	0.00935	0.158875
Untere Leitung	Ziege	0.089888	0.004672	0.175103
Malaknd-Agentur	Ziege	0.11236	0.083415	0.141304
Manshera	Ziege	0.026455	0.006716	0.046194
Mardan	Ziege	0.137931	0.091553	0.184309
Agentur Mohmd	Ziege	0.137255	0.074013	0.200497
N.wazirstan	Ziege	0.236686	0.201193	0.272179
Noshera	Ziege	0.388889	0.28403	0.493748
Orakzai-Agentur	Ziege	0.242105	0.214804	0.269406
Peshawar	Ziege	0.029412	0.004188	0.054636
Swaat	Ziege	0.055556	0.00177	0.109341
Swabii	Ziege	0.065217	0.000508	0.129926
Tank	Ziege	0.846939	0.769893	0.923984
Uper dir	Ziege	0.15625	0.088921	0.223579
Agentur Bajur	Schafe	0.125	0.048605	0.201395
Buner	Schafe	0.04	0.025474	0.054526
Chitral	Schafe	0.085106	0.036011	0.134202
D.I. Khan	Schafe	0.197674	0.134745	0.260603
FR Banu	Schafe	0.191176	0.064756	0.317597
Hangu	Schafe	0.5	0.361408	0.638592
Haripur	Schafe	0.337209	0.221322	0.453097
Kark	Schafe	0.045455	0	0.108534
Khyber-Agentur	Schafe	0.193548	0.110227	0.27687
Kohat	Schafe	0.423077	0.324937	0.521217
Kurrum Agentur	Schafe	0.064516	0.018441	0.110591
Untere Leitung	Schafe	0.363636	0.220463	0.50681
Malaknd-Agentur	Schafe	0	0	0
Manshera	Schafe	0.1875	0.095652	0.279348
Mardan	Schafe	0.363636	0.282839	0.444433
Agentur Mohmd	Schafe	0.104167	0.045239	0.163094
N.wazirstan	Schafe	0.607143	0.476712	0.737574
Noshera	Schafe	0.459459	0.364937	0.553982
Orakzai-Agentur	Schafe	0.180952	0.141344	0.220561
Peshawar	Schafe	0.066667	0.026251	0.107082
Swaat	Schafe	0.135135	0.08209	0.188181
Swabii	Schafe	0.285714	0.18783	0.383598
Tank	Schafe	0.81	0.703026	0.916974
Uper dir	Schafe	0.197183	0.126108	0.268258

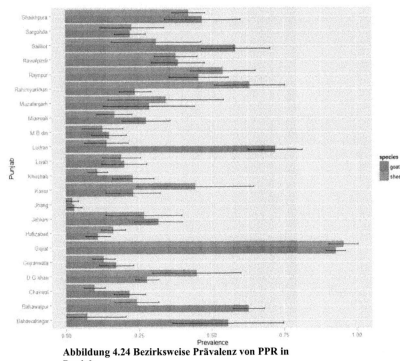

Abbildung 4.24 Bezirksweise Prävalenz von PPR in Punjab

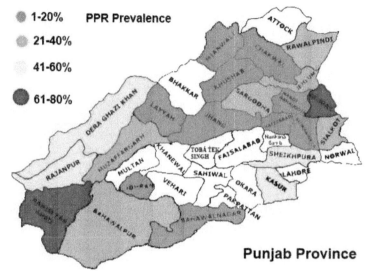

Abbildung 4.25 Bezirksweise Karte der PPR-Prävalenz in der Schafpopulation des Punjab

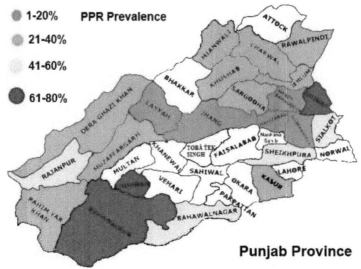

Abbildung 4.26 Bezirksweise Karte der PPR-Prävalenz in der Ziegenpopulation des Punjab

Bereich	Arten	Prävalenz	LCL	UCL
Bahawalnagar	Ziege	0.55621302	0.364214	0.748212
Bahawalpur	Ziege	0.62702703	0.57323	0.680824
Chakwal	Ziege	0.2173913	0.163606	0.271177
D.G khan	Ziege	0.27647059	0.236438	0.316503
Gujranwala	Ziege	0.171875	0.113268	0.230482
Gujrat	Ziege	0.92857143	0.895372	0.961771
Hafizabad	Ziege	0.10891089	0.066869	0.150953
Jehlum	Ziege	0.31665885	0.233205	0.400112
Jhang	Ziege	0.02884615	0.002922	0.054771
Kasur	Ziege	0.23076923	0.137135	0.324404
Khushab	Ziege	0.23015873	0.158256	0.302061
Liyah	Ziege	0.2	0.12299	0.27701
Lodran	Ziege	0.72093023	0.627134	0.814726
M.B. din	Ziege	0.14782609	0.087646	0.208006
Mianwali	Ziege	0.275	0.191634	0.358366
Muzafargarh	Ziege	0.28571429	0.128399	0.44303
Rahimyarkhan	Ziege	0.2384106	0.183491	0.29333
Rajinpur	Ziege	0.45714286	0.354756	0.559529
Rawalpindi	Ziege	0.38554217	0.293761	0.477323
Sailkot	Ziege	0.58479532	0.466535	0.703056
Sargohda	Ziege	0.22077922	0.167723	0.273835
Shaikhpura	Ziege	0.46987952	0.33944	0.600319
Bahawalnagar	Schafe	0.07142857	0	0.205
Bahawalpur	Schafe	0.24137931	0.166051	0.316708
Chakwal	Schafe	0.09677419	0.060805	0.132743
D.G khan	Schafe	0.44871795	0.295898	0.601538
Gujranwala	Schafe	0.12857143	0.08980	0.167335
Gujrat	Schafe	0.95454545	0.904828	1.004263
Hafizabad	Schafe	0.16161616	0.11977	0.203462
Jehlum	Schafe	0.26666667	0.13657	0.396764
Jhang	Schafe	0.02105263	0	0.04275
Kasur	Schafe	0.44444444	0.24187	0.647019
Khushab	Schafe	0.10810811	0.073767	0.142449
Liyah	Schafe	0.18965517	0.123619	0.255691
Lodran	Schafe	0.13888889	0.063054	0.214724
M.B. din	Schafe	0.12621359	0.056851	0.195576
Mianwali	Schafe	0.16666667	0.106696	0.226637
Muzafargarh	Schafe	0.34375	0.145159	0.542341
Rahimyarkhan	Schafe	0.63265306	0.511398	0.753908
Rajinpur	Schafe	0.54032258	0.428746	0.651899
Rawalpindi	Schafe	0.37837838	0.304912	0.451845
Sailkot	Schafe	0.31034483	0.155956	0.464734
Sargohda	Schafe	0.22727273	0.116373	0.338173
Shaikhpura	Schafe	0.42168675	0.365006	0.478368

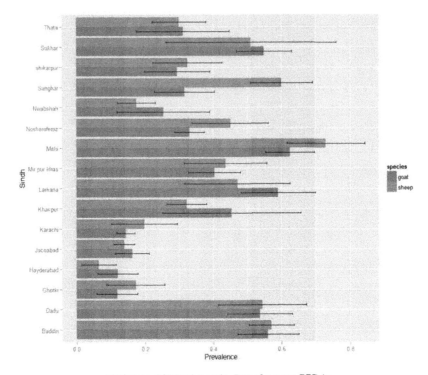

Abbildung 4.27 Bezirksweise Prävalenz von PPR in Sindh

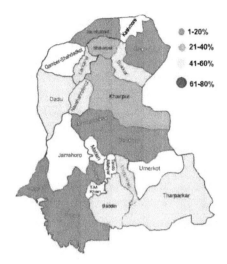

Abbildung 4.28 Bezirksweise Karte der PPR-Prävalenz in der Schafpopulation von Sindh

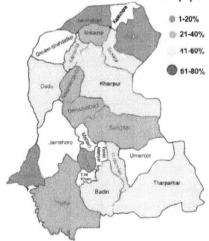

Abbildung 4.29 Bezirksweise Karte der PPR-Prävalenz in der Ziegenpopulation von Sindh

Bereich	Arten	Prävalenz	LCL	UCL
Baddin	Ziege		0.56 0.470542	0.649458
Dadu	Ziege	0.536082	0.440896	0.631269
Ghotki	Ziege	0.119718	0.060843	0.178594
Hayderabad	Ziege	0.120968	0.062344	0.179592
Jakoabad	Ziege	0.162832	0.113389	0.212275
Karachi	Ziege	0.144231	0.117978	0.170484
Khairpur	Ziege	0.453488	0.250919	0.656057
Larkana	Ziege	0.590164	0.481198	0.69913
Mir pur khas	Ziege	0.403727	0.327641	0.479812
Mithi	Ziege		0.625 0.553537	0.696463
Nosheroferoz	Ziege	0.330275	0.286852	0.373699
Nwabshah	Ziege	0.253968	0.119751	0.388186
Sanghar	Ziege	0.316092	0.228291	0.403893
Shikarpur	Ziege	0.294479	0.199803	0.389154
Sukkhar	Ziege		0.54902 0.468249	0.62979
Thatta	Ziege		0.311765 0.175909	0.447621
Baddin	Schafe		0.57 0.503497	0.636503
Dadu	Schafe		0.543689 0.414412	0.672967
Ghotki	Schafe		0.172414 0.087889	0.256938
Hayderabad	Schafe		0.065789 0.015808	0.115771
Jakoabad	Schafe		0.13913 0.108841	0.16942
Karachi	Schafe		0.197917 0.101634	0.2942
Khairpur	Schafe	0.321429	0.2366	0.379197
Larkana	Schafe		0.470588 0.315895	0.625281
Mir pur khas	Schafe		0.435897 0.314885	0.55691
Mithi	Schafe	0.729167	0.61592	0.842413
Nosheroferoz	Schafe		0.450549 0.338553	0.562546
Nwabshah	Schafe		0.175676 0.120845	0.230506
Sanghar	Schafe		0.6 0.508377	0.691624
Shikarpur	Schafe		0.324324 0.222709	0.425939
Sukhar	Schafe		0.51024 0.261575	0.758833
Thata	Schafe		0.3 0.221987	0.378013

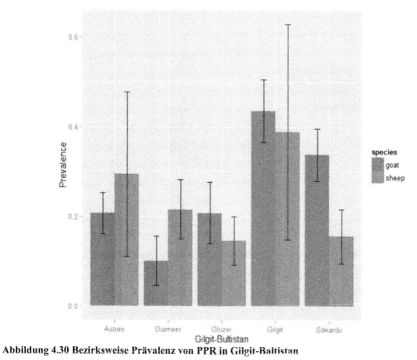

Abbildung 4.30 Bezirksweise Prävalenz von PPR in Gilgit-Baltistan

Abbildung 4.31 : Bezirksweise Karte der PPR-Prävalenz in der Schafpopulation von Gilgit Baltistan

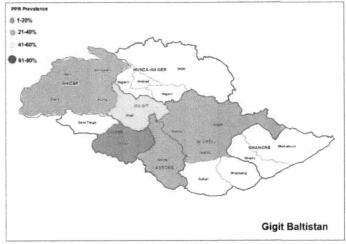

Abbildung 4.32 Bezirksweise Karte der PPR-Prävalenz in der Ziegenpopulation von Gilgit Baltistan

Bereich	Arten	Prävalenz	LCL	UCL
Astore	Ziege	0.2068966	0.160527	0.253266
Diameer	Ziege	0.1008174	0.046018	0.155617
Ghizer	Ziege	0.2076923	0.139426	0.275959
Gilgit	Ziege	0.4356725	0.365426	0.505919
Sakardu	Ziege	0.3377483	0.279223	0.396274
Astore	Schafe	0.2941176	0.110055	0.47818
Diameer	Schafe	0.2153846	0.148979	0.281791
Ghizer	Schafe	0.1454545	0.091018	0.199891
Gilgit	Schafe	0.3888889	0.148573	0.629204
Skardu	Schafe	0.1559633	0.09594	0.215986

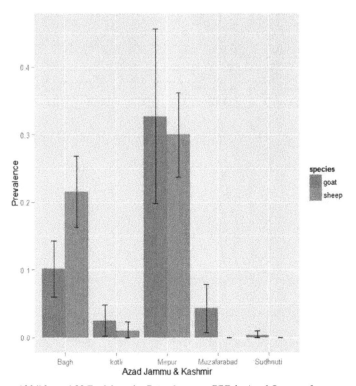

Abbildung 4.33 Bezirksweise Prävalenz von PPR in Azad Jammu & Kashmir

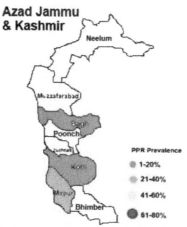

Abbildung 3.34 Bezirksweise Karte der PPR-Prävalenz in der Schafpopulation von AJK

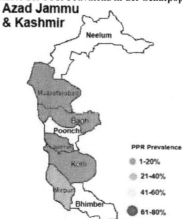

Abbildung 4.35 Bezirksweise Karte der PPR-Prävalenz in der Ziegenpopulation von AJK

Bereich	Arten	Prävalenz	LCL	UCL
Bagh	Ziege	0.101	0.060	0.143
Kotli	Ziege	0.025	0.002	0.048
Mirpur	Ziege	0.327	0.198	0.457
Muzafarabad	Ziege	0.043	0.008	0.078
Sudhnuti	Ziege	0.003	0.000	0.009
Bagh	Schafe	0.215	0.163	0.268
Kotli	Schafe	0.010	0.000	0.023
Mirpur	Schafe	0.300	0.238	0.362
Muzafarabad	Schafe	0.000	0.000	0.000
Sudhnuti	Schafe	0.000	0.000	0.000

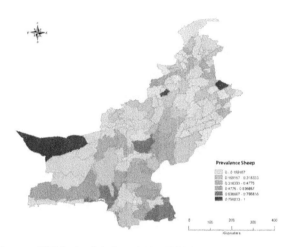

Abbildung 4.36 Prävalenz von PPR in der Schafpopulation Pakistans

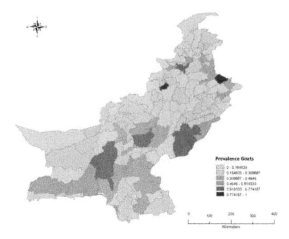

Abbildung 4.37 Prävalenz von PPR in der Ziegenpopulation Pakistans

4.3. Persistenz und Übertragung des PPR-Virus
4.3.1. Ergebnisse von ICE und cN-ELISA

Zunächst wurde der ICE-Test an Proben von Tieren der Gruppen 1, 2a und 2b durchgeführt, wobei alle getesteten Proben positiv auf PPRV-Antigen in den Fäkalien waren. Bei den Tieren der Gruppe 3 wurde der Test nicht durchgeführt. Die ICE-Untersuchung ergab, dass alle Tiere der Gruppe 4 negativ waren und auch keine klinischen Anzeichen aufwiesen. Der cH-ELISA wurde mit Serumproben von jedem Tier durchgeführt, um die PPR-Virus-Antikörpertiter nach der Erholung von der natürlichen Infektion zu bestimmen.

Für die Gruppen 2a (n=5), 2b (n=5), eine Anzahl ausgewählter Tiere aus Gruppe 3 (n=15) und Gruppe 5 (n=5) wurde der cH-ELISA verwendet, um die serologischen Reaktionen nach dem Ausbruch zu bestimmen. Um eine positive serologische Reaktion auf PPRV zu bestimmen, wurde ein PI-Wert von 50 % Hemmung als Grenzwert verwendet. Die Ergebnisse dieser Analyse sind in Abbildung 4.38 ausführlich beschrieben.

Wenn wir den Datensatz nach der natürlichen Exposition kritisch untersuchen, stellen wir eine variable Antikörperreaktion fest, und die PI-Werte reichten von 21 bis 67 % bei den Tieren, die allein nach dem Verdacht auf eine klinische PPRV-Erkrankung gruppiert wurden. Die Mehrheit der Tiere, die die Infektion überlebten, entwickelten nach der Entwicklung einer schweren klinischen Erkrankung eine PPRV-spezifische serologische Reaktion (Gruppen 2a und 2b), obwohl nur zwei Tiere aus Gruppe 2b seropositiv waren, obwohl sie positiv für ICE waren (Gruppe 2b, Proben 1 und 2). Die Tiere der Gruppe 2a, die eine schwere klinische Erkrankung aufwiesen, waren alle seropositiv (mittlerer PI=63,4). Bei den Tieren der Gruppe 3, die eine leichte klinische Erkrankung aufwiesen, lagen die PI-Werte nur bei 46,7 % (n=7/15) über dem Schwellenwert von 50 %, wobei der mittlere PI-Wert für Gruppe 3 43,8 % betrug. In Gruppe 5 waren alle Tiere sowohl für das virale Antigen

(ICE) sowie PPRV-spezifische Antikörper (Abbildung 4.38).

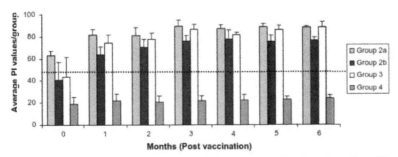

Abbildung 4.38 Serologische Reaktionen bei Tieren nach der Impfung. Der cN-ELISA wurde zur Bestimmung der PI-Werte bei Tieren in monatlichen Abständen wie gezeigt verwendet. Die Mittelwerte sind für jeden Datensatz angegeben, die Fehlerbalken zeigen die Standardabweichung.

4.3.2. Impfung mit attenuiertem PPR-Lebendimpfstoff

Nach der ersten Bewertung wurden verschiedene Gruppen innerhalb der Herde mit einem zugelassenen abgeschwächten Lebendimpfstoff (Pestivac, Jovac, Jordanien) geimpft (Gruppen 2a und 3) oder ungeimpft gelassen (Gruppen 2b und 4).

Die Gruppen 2a, 2b und 3 wurden zusammen untergebracht, während die Tiere der Gruppe 4 nach der Impfung getrennt untergebracht wurden. Die serologischen Reaktionen wurden dann zu monatlichen Zeitpunkten überwacht. Die serologisch positiven Tiere nach der natürlichen Infektion schienen eine starke Reaktion zu entwickeln, wobei sie zu jedem Probenahmezeitpunkt nach der Impfung ein kräftiges serologisches Profil aufrechterhielten. Die Tiere der Gruppe 4 waren während des gesamten Versuchs nicht in der Lage, eine PPRV-spezifische serologische Reaktion zu entwickeln.

Nach der Impfung entwickelten die Tiere der Gruppen 2a und 3 serologische Profile, die mit der Impfung übereinstimmten, und behielten hohe Werte an PPRV-spezifischen

Antikörper für 6 Monate nach der Impfung. Tiere der Gruppe 2b, die vor der Impfung der Gruppen 2a und 3 serologisch negativ waren (n=3), wurden mit diesen Gruppen (2a und 3) untergebracht und entwickelten auch ohne Impfung eine Antikörperreaktion. Die Antikörperreaktionen der Tiere der Gruppe 2b waren jedoch in den sechs Monaten nach der Impfung geringer als die der geimpften Tiere (Abbildung 4.39).

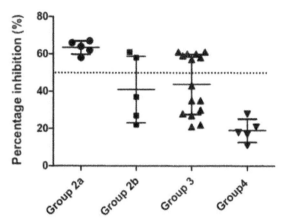

Abbildung 4.39 Serologische Reaktionen bei Ziegen. Die Post-Outbreak Resolution wurde zur Bestimmung der PI-Werte bei Tieren nach der Auflösung eines PPRV-Ausbruchs verwendet. Die Gruppen sind wie im Text beschrieben. Die Mittelwerte werden durch die zentralen horizontalen Linien für jede Gruppe definiert wi

4.3.3. Entnahme und Untersuchung von Fäkalproben

Von den Tieren der Gruppen 2a (n=5) und 2b (n=5) wurden vor der Impfung und jeden fünfzehnten Tag nach der Impfung über einen Zeitraum von drei Monaten Kotproben entnommen, um die Ausscheidung von PPRV-Antigen im Kot zu überwachen. Das virale Antigen wurde in den Fäkalien der Gruppe 2a nachgewiesen, die einen Monat nach der Impfung gesammelt wurden. Im Gegensatz dazu sonderten die nicht geimpften Tiere der Gruppe 2b (n=5) bis zu zwei Monate nach Beendigung des Ausbruchs Virusantigen in den Fäkalien ab. Darüber hinaus wurde ein Test zur Hemmung des viralen Hämagglutinins (HA) an Proben der Gruppen 2a (n=5) und 2b (n=5) durchgeführt. Interessanterweise lagen die HA-Titer zwischen 1:16 und 1:128, wobei diese Titer bei den Tieren der Gruppe 2a 30 Tage nach der Impfung abnahmen, bei den Tieren der Gruppe 2b jedoch bis zu 60 Tage nach der Impfstoffverabreichung an die Gruppen 2a und 3 positiv blieben. Das Vorhandensein des Virus im fäkalen Material wurde auch mit ICE bestätigt. Bemerkenswerterweise blieben die Tiere der Gruppe 2a 30 Tage nach der Impfung ICE-positiv für virales Antigen, und wie bei den HA-Ergebnissen waren auch die ungeimpften Tiere der Gruppe 2b 60 Tage nach der Infektion ICE-positiv. Bei beiden Gruppen war die Virusantigenausscheidung an weiteren Probenahmestellen negativ.

Die RT-PCR von fäkalem Material wurde durchgeführt, um zu versuchen, virale Nukleinsäure in fäkalem Material in verschiedenen Zeitabständen nachzuweisen. Die Proben waren durch PCR für die F-Gen-Region positiv, und die Sequenz der resultierenden Amplifikation bestätigte die Emission von Virusmaterial, das mit der natürlichen Infektion und nicht mit der Impfung in Zusammenhang steht.

4.3.4. Profil von PPRV-Antikörpern nach dem Ausbruch

Die Serumproben wurden in den ersten sechs Monaten in monatlichen Abständen entnommen und analysiert, danach in einem Abstand von sechs Monaten für achtzehn Monate zum Nachweis von PPRV-Antikörpern.

Alle Tiere entwickelten einen Monat nach der Impfung Antikörpertiter, und diese Titer blieben auch achtzehn Monate nach der Impfung hoch (Tabelle 4.22).

Da die Ziegen während des Ausbruchs unterschiedlich stark mit der Krankheit oder der Viruslast konfrontiert waren, wiesen sie eine große Bandbreite an Antikörpern auf (PI= 20-67). Der durchschnittliche PI-Wert lag einen Monat nach der Impfung bei 76,10, stieg aber ab dem zweiten Monat an.

Die entwickelten Antikörpertiter blieben auch nach achtzehn Monaten nach der Impfung hoch, während in der Kontrollgruppe der Titer allmählich anstieg und im Vergleich zu den geimpften Tieren einen niedrigen PI-Wert beibehielt.

Tabelle 4.22 Vergleich der prozentualen Hemmwerte nach der Impfung von Ziegen mit PPR-Impfstoff

Tier ID	Pre-Impfung	30 Tag PV	60 Tag PV	90 Tag PV	120 Tag PV	150 Tag PV	180 Tag PV	Eine Jahr PV	1.5 Jahr PV*
1	58	85	84	93	87	91	93	92	90
2	61	85	95	94	71	73	82	83	81
3	22	79	82	83	87	90	88	87	82
4	27	75	68	85	77	88	86	88	84
5	67	84	93	94	88	92	90	90	86
6	60	83	82	87	87	88	86	88	85
7	35	67	73	88	83	86	89	85	83
8	28	65	76	87	89	79	87	86	80
9	61	73	67	78	87	88	92	90	87
10	57	78	74	89	60	85	88	86	81
11	62	73	78	91	91	86	88	88	84
12	58	84	82	93	90	91	89	90	88
13	66	85	78	89	84	86	88	85	83
14	64	83	75	81	83	89	87	87	80
15	30	65	73	75	73	79	90	87	78
16	21	61	74	93	90	88	91	89	83
17	35	71	78	89	90	92	88	90	85
18	43	75	84	89	77	84	87	85	81
19	59	77	77	84	85	88	91	89	83
20	60	75	79	81	77	91	89	88	80

*PV; Nach der Impfung

V. DISKUSSION

Da Pakistan ein Agrarland ist, sind 70 % der Bevölkerung von der Viehzucht und der Landwirtschaft abhängig, und diese Sektoren nehmen einen wichtigen Platz in der Wirtschaft des Landes ein. Die Viehzucht, ihre Produktion und ihre Nebenprodukte sind integraler Bestandteil des landwirtschaftlichen Systems des Landes und werden durch die Ökologie, das Klima und ihre wirtschaftliche Bedeutung für die Landwirte bestimmt. Die Viehzucht ist ein wichtiger Bestandteil der kleinbäuerlichen und pastoralen Landwirtschaft und dient als Reserve für die Notversorgung der Familien. Insgesamt gibt es in Pakistan etwa 61,5 Millionen Ziegen und 28,1 Millionen Schafe. Von der gesamten Fleischproduktion Pakistans in Höhe von 3.095 Millionen Tonnen entfallen etwa 616 Millionen Tonnen auf die Hammelproduktion.

Laut der Viehzählung 2006 ist der Beitrag der Viehzucht zum Wachstum der Landwirtschaft von 25,3 Prozent im Jahr 1996 auf 49,6 Prozent im Jahr 2006 und mehr als 50 Prozent im Jahr 2007 gestiegen. Der Trend dieser bedeutenden Expansion des Viehsektors betraf nicht nur die Anzahl der Tiere, sondern auch die Erzeugung von Milch, Fleisch und deren Nebenprodukten. Die Gesamtzahl der registrierten Tiere wies im Jahr 2006 einen bemerkenswerten Anstieg von 30 % auf, wenn man sie mit der Zählung von 1996 vergleicht. Auch die Gesamtzahl der geschlachteten Tiere stieg 2006 gegenüber 1996 um 36,7 %. Tiere und ihre Nebenprodukte, einschließlich Häute und Felle, sind wichtige Exportgüter. Die Schätzungen des Viehbestands ergaben, dass es im Zeitraum von 1996 bis 2006 in Pakistan 29,56 Millionen Rinder, 27,33 Millionen Büffel, 26,49 Millionen Schafe und 53,79 Millionen Ziegen gab (Pakistan Livestock Census, 2006). Nur in der Provinz Punjab liegt der geschätzte Anteil von Schafen und Ziegen bei 24 bzw. 37 %. Die Schafpopulation lag bei 26,4 Millionen und damit um 12,5 % höher als bei der Viehzählung von 1996.

Auch die Zahl der männlichen Schafe wurde bei der Viehzählung 2006 um 28,0 Prozent, die der weiblichen Schafe um 3,5 Prozent und die der Jungtiere um 22,3 Prozent erhöht.

Darüber hinaus ist festzustellen, dass die Ziegenpopulation im Zeitraum zwischen den Volkszählungen um 30,6 Prozent zugenommen hat, wobei die Population der männlichen Ziegen um 26,8 Prozent, die der weiblichen Ziegen um 39,4 Prozent und die der Jungtiere um 17,7 Prozent gestiegen ist. Der Export von landwirtschaftlichen Erzeugnissen, einschließlich der Tierproduktion wie Milch, Rindfleisch, Hammelfleisch und Eier, beläuft sich jährlich auf rund 19,24 Milliarden Dollar.

Bei Nutztieren sind Krankheiten, insbesondere Infektionskrankheiten, eines der größten Probleme. Infektionskrankheiten können als Virus-, Bakterien-, Parasiten-, Protozoen- und Pilzerkrankungen klassifiziert werden. Die Wahrscheinlichkeit der Ausbreitung von PPR in kleinen Wiederkäuerpopulationen in untergeordneten Gebieten, die aufgrund begrenzter Ressourcen keinen Zugang zu tierärztlichen Diensten haben, ist groß.

Angesichts der Bedeutung von PPR für kleine Wiederkäuer in Pakistan wurde die Studie mit dem Ziel durchgeführt, die molekulare und serologische Epidemiologie von PPR im Detail zu verstehen und die Kenntnisse über die Krankheit im Feld zu verbessern, was für die Einleitung eines Bekämpfungsprogramms sehr wichtig ist.

5.1. Epi-Dynamik der PPRV in Bezug auf Pakistan

Während des Untersuchungszeitraums wurden insgesamt vierundachtzig (84) PPR-Ausbrüche in verschiedenen Regionen des Landes erforscht, die von den zuständigen Personen gemeldet wurden. Es gab zwar noch weitere Ausbrüche, aber diese wurden aufgrund der spärlichen Informationen nicht berücksichtigt. Die Ausbrüche mit detaillierten Informationen vermittelten ein umfassenderes Verständnis der Krankheit und ihrer aktuellen Trends.

Im Jahresvergleich trat die PPR sowohl in zyklischer als auch in saisonaler Form auf. Dies wird durch die Daten untermauert, die zeigen, dass die Krankheit zwar das ganze Jahr über auftrat, aber in der Wintersaison eine höhere Inzidenz zu verzeichnen war. Dies könnte auf die strengen Witterungsbedingungen zurückzuführen sein, könnte aber auch mit der Bewegung der Tiere in dieser Jahreszeit zusammenhängen. Da das Heilige Ereignis der EID UL AZHA während des Untersuchungszeitraums (2010-2013) im frühen Winter stattfand, gibt es eine massive Bewegung von kleinen und großen Wiederkäuern in Richtung der Viehmärkte in allen Teilen des Landes. Somit tragen die Tierbewegungen und das raue Wetter zur Schwere der Krankheit und ihrem Auftreten bei. Alle Studien über die PPR-Krankheit und das PPR-Virus in Pakistan ergaben Schwankungen in der Prävalenz, die auf die Intensität der Verbringung von kleinen Wiederkäuern zwischen verschiedenen Provinzen und geografischen Regionen zurückzuführen sein könnten. Diese Ergebnisse stimmen mit einer früheren Studie von Khan et al. (2008) überein, in der eine hohe Seropositivität bei Tieren in den südlichen und westlichen Bezirken der Provinz Punjab im Vergleich zu anderen Teilen festgestellt wurde.

Unsere Studie lieferte mögliche Hinweise auf jährliche Schwankungen in der Schwere der Erkrankung. Es gab ein wellenförmiges Muster von Krankheitsausbrüchen, d. h. eine Zunahme in einem Jahr und einen Rückgang im nächsten Jahr. Dies könnte auf die Entstehung einer anfälligen Bevölkerung zurückzuführen sein, da es keine angemessene Impfkampagne gab. Dies kann auch damit zusammenhängen, dass die Tiere, die die Seuchenausbrüche überleben, lebenslang immun gegen die Krankheit sind.

In der aktuellen Studie fanden wir insgesamt 61,15 % positive Proben für PPR-Antigen, was auf eine ordnungsgemäße Probenahme und Erkennung der Krankheit hindeutet. Obwohl die Krankheit in der breiten Masse nicht gut bekannt war, hat sich das Bewusstsein in den letzten zehn Jahren deutlich verbessert (Abubakar et al., 2011). Die meisten Ausbrüche wurden aus der Provinz Punjab gemeldet, die im Vergleich zu anderen Provinzen über eine fortschrittliche Veterinärinfrastruktur verfügt. Auch das Seuchenmeldesystem ist in dieser Provinz weit entwickelt. PPR wurde in den vergangenen Jahren auch aus verschiedenen Gebieten der Provinz Punjab gemeldet (Khan et al., 2007; Abubakar et al., 2008).

Im Vergleich zu anderen Regionen des Landes sind mehr Proben aus der IKT positiv. Dies könnte darauf zurückzuführen sein, dass die Proben in kürzester Zeit im Labor eintreffen müssen und dass die Krankheit in dieser Region bekannter ist. Die Provinz Sindh weist ebenfalls eine hohe Anzahl positiver Proben auf, was darauf zurückzuführen ist, dass die Krankheit in dieser Provinz seit vielen Jahren hartnäckig vorkommt (Abubakar et al., 2011). In einer anderen Studie von Abubakar et al. (2009) wurde die höchste Seroprävalenz von PPR in der Provinz Sindh festgestellt, die bei 55,10 % lag. In den Ebenen von Punjab und Sindh sowie in den Berggebieten (AJK, nördliche Gebiete und nördlicher Punjab) war sie höher, während aus Belutschistan und KPK weniger Ausbrüche gemeldet wurden. Ein möglicher Grund hierfür könnte die Sicherheitslage in diesen Regionen sowie das geringere Wissen über die Krankheit sein. In einer früheren Studie auf der Grundlage von PDS-Berichten bestätigten Zahur et al. (2006), dass PPR in allen Provinzen und größeren Regionen Pakistans vorkommt.

Betrachtet man das Auftreten der PPR-Krankheit in den einzelnen Gebieten der Provinz Punjab im Detail, so war das Auftreten im südlichen Punjab am höchsten, verglichen mit dem nördlichen und zentralen Punjab. Der wahrscheinliche Grund für dieses Auftreten könnte die Rolle der Nomaden und die weniger entwickelte tierärztliche Infrastruktur in diesen Gebieten sein. Im nördlichen Punjab wurde das höchste Auftreten in den Regionen Attock, Chakwal und Rawalpindi beobachtet, die zu den trockenen Regionen der Provinz gehören und in denen die Regenzeit manchmal mit dem Auftreten der Krankheit verbunden ist.

Erste umfassende Hinweise auf PPR ergaben sich aus den Daten, die von PDS-Teams (Participatory Disease Surveillance) während der Rinderpest-Tilgungskampagne in Pakistan gesammelt wurden. Hussain et al. (2008) beschreiben, dass in den Jahren 2003 bis 2005 in partizipativen Krankheitsüberwachungsmethoden geschulte Teams eine große Anzahl von Dörfern in ganz Pakistan besuchten, um die Prävalenz und die Auswirkungen wichtiger Tierkrankheiten zu erfassen. Die "Peste des Petits Ruminants" ist eine weit verbreitete und wirtschaftlich schädliche Krankheit der kleinen Wiederkäuer im Land, die im Norden des Punjab endemisch und in der Provinz Azad Jammu und Kaschmir sowie im Sindh epidemisch zu sein scheint.

Die PPR-Krankheit gilt nicht als saisonal, aber unsere Daten über die Krankheitsausbrüche in den letzten vier Jahren zeigten ein gehäuftes Auftreten in den Monaten Oktober bis Februar. Die Krankheit zeigte über die Jahre ein zyklisches Muster, da die Zahl der Ausbrüche in einem Jahr zurückging und im nächsten Jahr wieder anstieg. Die höchste Zahl von Ausbrüchen wurde im Januar festgestellt, gefolgt vom Dezember. Ein weiterer Grund für diese Saisonabhängigkeit könnte die Bewegung von Tieren in dieser Zeit des Jahres sein. Dies ist auf das Eid ul Azha-Fest zurückzuführen, bei dem Tiere im Namen Allahs massakriert werden. Während dieser Veranstaltung werden viel mehr Tiere zum Verkauf auf die Tiermärkte gebracht, und die Vermischung dieser Tiere könnte zu einer erhöhten Inzidenz von PPR führen.

Früher wurden PPR-Ausbrüche meist im Zusammenhang mit trockenem und/oder kaltem Wetter gemeldet (Obi, 1983; Durojaiye et al. 1983). Opasina (1983) berichtete über vier Ausbrüche von PPR in den kalten Monaten des Jahres im Bundesstaat Oyo im Westen Nigerias. Im Gegensatz dazu behauptete Bourdin (1983), dass im senegalesischen Sahel-Klima PPR-Ausbrüche hauptsächlich in der Regenzeit auftraten und mit dieser verbunden waren. Das Auftreten neuer PPR-Ausbrüche innerhalb von 48 Stunden nach Regenfällen wie im nigerianischen Bundesstaat Ondo wurde als Beweis für diese Aussage angeführt (Ojo, 1983). Opasina und Putt (1985) berichteten ebenfalls, dass die saisonalen PPR-Ausbrüche in Westafrika in Verbindung mit der feuchten Regenzeit auftreten. Außerdem wurde festgestellt, dass schlechte Ernährung auch mit trockenem und kaltem Wetter (in der Regel von Dezember bis Februar) in Verbindung gebracht werden kann, was ebenfalls zur Verbreitung von PPR beitragen kann.

Durojaiye et al. (1983) und Obi und Patrick (1984b) berichteten ebenfalls, dass das Auftreten der Krankheit ab Dezember rasch zunimmt und in der Regel im April sein Maximum erreicht. In einer früheren Studie in Pakistan stellten Abubakar et al. (2010) fest, dass das Auftreten von PPR-Fällen mit Beginn der Trocken- und Wintersaison zunahm und in den Monaten April und Mai seinen Höhepunkt erreichte; danach ging es zurück. Diese saisonalen Trends der Krankheit können auch mit den Tierbewegungen im Land in Verbindung gebracht werden. Es gibt mehrere bekannte Tierbewegungen von Nomaden im ganzen Land, aber die wichtigste ist die Bewegung zu den Sommerweiden. Im Sommer werden die Tiere von den Ebenen in die Berge getrieben, wo die Weiden für sie zur Verfügung stehen. Diese Bewegung trägt zur Ausbreitung der Krankheit bei, da die Tiere aus verschiedenen Gebieten an diesen Weideplätzen zusammengeführt werden. Diese Tierbewegungen im Sommer beginnen im März und April und kehren im Oktober und November zurück, und die saisonalen Daten für PPR zeigen die gleichen Trends, da die Krankheitsausbrüche ab Oktober und November zunehmen. Ähnliche Ergebnisse wurden von anderen Forschern zum saisonalen Auftreten von PPR vorgelegt (Zahur et al., 2009; Abubakar et al., 2011; Zahur et al., 2011).

Während unserer Studie waren insgesamt 6221 Tiere (Schafe und Ziegen) von den gemeldeten Ausbrüchen betroffen. Die Morbiditäts- und Mortalitätsrate sowie die Sterblichkeitsrate waren bei Ziegen höher als bei Schafen. Bei Schafen lag die Morbiditätsrate bei 26,79 %, bei Ziegen dagegen bei 34,90 %. Die Sterblichkeitsrate lag bei Schafen bei 10,83 %, bei Ziegen dagegen bei 16,34 %. Auch die Sterblichkeitsrate war mit 46,82 % bei Ziegen höher als bei Schafen (40,41 %). Im Nachbarland Indien berichteten Balamurugan et al. (2012) über das klinische Auftreten von PPR bei Schafen und Ziegen zwischen 2003 und 2009, indem sie klinische Proben von Verdachtsfällen analysierten. Sie berichteten über insgesamt 20, 38 und 11 laborbestätigte PPR-Ausbrüche, die bei Schafen, Ziegen bzw. kombinierten Schaf- und Ziegenpopulationen auftraten. In der Regel verlief die Krankheit bei Schafen weniger schwer als bei Ziegen, doch traten auch bei Schafen schwere Ausbrüche auf. Bei Ziegen verläuft die Krankheit in der Regel schwer mit robusten klinischen Symptomen und Sterblichkeitsmustern, so dass die Sterblichkeitsrate bei Ziegen im Gegensatz zu Schafen viel höher ist. Truong et al. 2014 untersuchten, dass nach einer Infektion mit einem virulenten PPRV-Stamm sowohl Schafe als auch Ziegen klinische Anzeichen und Läsionen entwickelten, die typisch für PPR sind, obwohl Schafe im Vergleich zu Ziegen eine mildere klinische Erkrankung aufwiesen. Obwohl PPR-Ausbrüche bei Schafen und Ziegen auftraten, wurde während des Untersuchungszeitraums auch ein Ausbruch bei Sindh-Ibex, einer wichtigen Wildtierart aus der Familie der Ziegen, im Kerther National Wildlife Park, Jamshoro, Provinz Sindh, bestätigt. Die Krankheit breitete sich von den Schafen und Ziegen in den umliegenden Dörfern des Wildparks aus, die gemeinsame Trinkwasserstellen mit Wildtieren hatten. Die Krankheit trat in umfassender Form auf und breitete sich aus, wobei vor allem die Verdauungs- und Atmungsorgane betroffen waren. Die wichtigsten respiratorischen Läsionen waren Atembeschwerden, Pusteln im Mund und schwerer Durchfall. Es gibt auch schwere Augen- und Nasenausflüsse, die im frühen Stadium serös sind, aber in späteren Stadien der Krankheit eitrig werden. Todesfälle traten hauptsächlich aufgrund von Anorexie, Durchfall, Dehydrierung und Atemstillstand auf. Sowohl erwachsene als auch junge Tiere waren von der Krankheit betroffen, und das PPRV-Antigen wurde in Milz-, Lungen-, Lymphknoten- und Tupferproben mittels Ic-ELISA identifiziert und bestätigt. Ausgewählte Gewebeproben wurden mittels reverser Transkriptase-Polymerase-Kettenreaktion (RT-PCR) unter Verwendung von F-Gen-Primern von PPRV getestet und als positiv befunden. Serumproben von kleinen Wiederkäuern aus den umliegenden Dörfern wurden positiv auf Antikörper gegen PPRV getestet. Der Ausbruch wurde durch gemeinsame Anstrengungen der Wildtierabteilung sowie der nationalen und provinziellen Viehzuchtabteilungen durch umfangreiche Impfungen und zoohygienische Maßnahmen im Park unter Kontrolle gebracht (Abubakar et al., 2011).

Dieser Ausbruch war der erste Bericht über ein frei lebendes Wildtier, das von der PPR betroffen war. Die Krankheit ist auch bei anderen Wildtierarten aufgetreten, allerdings meist in Gefangenschaft. Gür & Albayrak (2010) wiesen 12 % PPRV-spezifische Antikörper bei Gazella subgutturosa subgutturosa (Kropfgazelle) (eine in Anatolien heimische Art) mit Hilfe eines kompetitiven Enzymimmunoassays (c-ELISA) nach und bestätigten positive Seren durch einen Virusneutralisationstest. Auch Kamele sind für das PPRV empfänglich. In einer im Sudan durchgeführten Studie untersuchten Saeed et al. (2010) Serumproben mit dem c-ELISA und stellten fest, dass 67,2 % der Schafe, 55,6 % der Ziegen und 0,3 % der Kamele positiv für PPR waren. Das Auftreten von PPR wurde auch in den Vereinigten Arabischen Emiraten bei mehreren Wildwiederkäuern bestätigt, die durch morphologische, immunhistochemische, serologische und molekulare Befunde diagnostiziert wurden. Die phylogenetische Analyse dieser Viren ergab, dass sie der Linie IV angehören (Kinne et al., 2010). Bao et al. (2011) diagnostizierten eine PPRV-Infektion bei zwei Bharals im Rutog-Land in Tibet und bestätigten sie anhand der klinischen Anzeichen und des Nachweises von PPRV-Antigen in Gewebeproben. Die identifizierte PPRV-Variante war genetisch ähnlich zu anderen zirkulierenden PPRV-Varianten aus demselben Gebiet. Eine phylogenetische Analyse der Nukleoprotein- und Fusionsgene ergab, dass alle PPRV, die aus Ausbrüchen bei wilden Huftieren isoliert wurden, zur Linie IV gehören. Obwohl klar ist, dass PPR eine Reihe von Wildtierarten infizieren kann, bleibt die Rolle von Wildtieren in der Epidemiologie von PPR ungewiss und muss weiter erforscht werden (Munir, 2013).

Frühere serologische Bestätigungen haben gezeigt, dass PPRV-Antikörper in allen Altersgruppen von 4-24 Monaten gefunden wurden, was auf eine konstante Zirkulation des Virus in allen Altersgruppen hinweist (Taylor und Abegunde, 1979a). Nach unseren Erkenntnissen waren zwar alle drei Altersgruppen von Schafen und Ziegen von der Krankheit betroffen, aber die jüngeren Tiere waren stärker betroffen. Neugeborene Tiere werden im Alter von 3-4 Monaten anfällig für eine PPRV-Infektion (Srinivas und Gopal, 1996), was mit dem natürlichen Rückgang der mütterlichen Antikörper zusammenhängt (Saliki et al., 1993). Sowohl bei Schafen als auch bei Ziegen waren die Sterblichkeits- und Fallzahlen bei Jungtieren wesentlich höher. Khan et al. (2008) berichteten über die Verteilung und das Auftreten von Antikörpern gegen PPRV in verschiedenen Altersgruppen von Tieren und wiesen darauf hin, dass die höchste Prävalenz (72,86 %) im Vergleich zu anderen Altersgruppen bei Tieren über 2 Jahren auftrat. Sie führten eine Seroprävalenz gegen PPRV in verschiedenen Altersgruppen von Schafen und Ziegen durch und bestätigten, dass ein großer Anteil der Schafe im Alter von 0-12 Monaten positiv für PPRV war, verglichen mit der Gruppe über 1 Jahr. In einer anderen Studie von Abubakar et al. (2009) wurde eine höhere Prävalenz von Antikörpern gegen PPRV in verschiedenen Altersgruppen festgestellt. In der Altersgruppe der >2 Jahre alten Schafe und Ziegen lag die Seroprävalenz bei 46,9 % bzw. 55,3 %. In der zweiten Altersgruppe von 1-2 Jahren lag die Prävalenz bei 61,7 % bzw. 63,4 % bei Ziegen und Schafen. In der Altersgruppe <1 Jahr war der Unterschied geringer: 48,6 % bei Ziegen und 32,1 % bei Schafen.

In unserer Studie waren alle sequenzierten Isolate mit der PPRV-Linie IV verwandt, die die asiatische Linie ist und in den meisten Regionen gefunden wurde. Die Sequenz- und phylogenetische Analyse ergab, dass es zwei Gruppen gab; eine davon war mit anderen früheren pakistanischen Isolaten geclustert, während die anderen mit den regionalen Stämmen wie Indien und Iran gruppiert waren. Anees et al. (2013) führten eine ähnliche Studie durch und spezifizierten die Gruppierung der Sequenzen in Linie IV zusammen mit PPRV-Stämmen aus Asien und dem Nahen Osten. Die Sequenzen ihrer Studie wurden jedoch in zwei weitere Gruppen unterteilt, wobei die eine Gruppe mit früheren pakistanischen Isolaten und die andere mit saudi-arabischen und iranischen PPRV-Stämmen gruppiert wurde.

Im Gegensatz zu unseren Ergebnissen untersuchten Kumar et al. (2014) ein PPRV-Isolat aus einem Ausbruch bei Schafen und Ziegen im Dorf Nanakpur im Distrikt Mathura in Uttar Pradesh (Indien) und kamen zu dem Ergebnis, dass das PPRV/Nkp1/2012 möglicherweise nicht eng mit den PPR-Viren der Linie IV verwandt ist, von denen man annimmt, dass sie auf dem indischen Subkontinent vorkommen. Munir et al. (2012) untersuchten Proben von zwei verschiedenen PPR-Ausbrüchen bei Ziegen, und ihre phylogenetische Analyse ergab, dass pakistanische Proben mit chinesischen, tadschikischen und iranischen Isolaten geclustert wurden, was auf das wahre geografische Muster von PPRV hindeutet. In einer ähnlichen Studie von Munir et al. (2013) an Proben von PPR-Verdachtsfällen aus verschiedenen Regionen Pakistans wurden Fusions- und Nukleoprotein-Gene sequenziert. Die phylogenetische Analyse ergab, dass alle Sequenzen der Linie IV angehören. Die Sequenzidentität wies auf die Möglichkeit hin, dass mindestens eine Gruppe von PPRV aus einer unterschiedlichen Quelle stammt und in die kleinen Wiederkäuer Pakistans eingeschleppt wurde. In einer anderen Studie aus dem Nachbarland Indien führten Balamurugan et al. (2010) vergleichende Sequenzanalysen von vier Genen (Nukleokapsid (N), Matrix (M), Fusion (F) und Hämagglutinin H) ihrer Isolate mit bereits veröffentlichten Sequenzen durch und fanden eine Identität von 97.7-100 % und 97,7-99,8 % bei der asiatischen Linie IV und 89,6-98,7 % und 89,8-98,9 % bei anderen PPRV-Linien auf Nukleotid- bzw. Aminosäureebene. In einer weiteren ähnlichen Studie berichteten Balamurugan et al. (2010) über drei Ausbrüche von PPR in Schaf- und Ziegenherden mit erhöhten Morbiditäts- und Mortalitätsraten im Zeitraum 2003-2006. Das isolierte PPR-Virus aus diesen Ausbrüchen gehörte ebenfalls zur Linie IV. Luka et al. (2012) analysierten die Probentypen und Primer-Sets für die PPRV-Diagnose und wiesen nach, dass Buffy Coat die beste Probenart für die PPR-Diagnose ist und dass die Verwendung von zwei verschiedenen Primer-Sets die Diagnosekapazität verbessern kann.

Es gibt viele Studien aus der Region, die das Vorhandensein der PRRV-Linie IV zeigen, wie z. B. Malik et al. (2011), die N-Gen-basierte RT-PCR zur Bestätigung der PPR-Infektion bei Ziegen in Zentralindien verwendeten. Die phylogenetische Analyse ergab, dass das PPRV-Isolat in enger Nachbarschaft zu Isolaten aus Tibet und China stand und die Sequenzhomologie mit anderen indischen Isolaten gering war. Kinne et al. (2010) diagnostizierten das Auftreten von PPR in den Vereinigten Arabischen Emiraten bei verschiedenen Wildwiederkäuern. Die phylogenetische Analyse dieser Isolate ergab außerdem, dass der Virusstamm zur Linie IV gehört, die sich von einigen der zuvor isolierten PPRV-Stämme von der Arabischen Halbinsel etwas unterscheidet. Kwiatek et al. (2007) charakterisierten und sequenzierten den ursächlichen Stamm des N-Gens von PPRV in drei Bezirken Tadschikistans und verglichen ihn mit Isolaten, die zuvor aus Afrika, dem Nahen Osten und Asien isoliert worden waren. Die Studie bestätigte den Wert des N-Gens für den Vergleich von Isolaten, die über einen längeren Zeitraum und über die Evolution hinweg gewonnen wurden, und für die Bestimmung der geografischen Herkunft von PPRV-Stämmen.

In der vorliegenden Studie wurde die Diagnose und Bestätigung von PPR-Verdachtsfällen mit Hilfe des Immuno-Capture-ELISA und der RT-PCR durchgeführt, während die genetische Charakterisierung durch Sequenzierung erfolgte. Ic-ELISA ist der vom OIE-Handbuch empfohlene Test für die Diagnose/Bestätigung von PPR-Ausbrüchen. Die RT-PCR auf der Grundlage von F- und N-Genen wurde hauptsächlich zur molekularen Charakterisierung des PPR-Virus und zu seiner weiteren genetischen Charakterisierung durch Sequenzierung durchgeführt. Die Ergebnisse beider Techniken waren recht homogen, aber da die Sequenzierung eine kostspielige Technik ist, wurden für die genetische Charakterisierung repräsentative Proben entnommen. Die Auswertung des Immuno-Filtrationstests mit dem Antigen-Konkurrenz-ELISA ergab eine Sensitivität von 80 % und eine Spezifität von 100 %. Aus diesem Grund können diese Tests entweder als Screening (Immunofiltration) oder als Bestätigungstest (Antigen-Konkurrenz-ELISA) für die Diagnose von PPR dienen (Raj et al., 2008). Monoklonale Antikörper-basierte cELISA können verwendet werden, um das Vorkommen und den wahrscheinlichen Titer von Antikörpern gegen PPRV festzustellen (Abubakar et al., 2010; Khan et al., 2008)

Die in der aktuellen Studie standardisierten Diagnoseverfahren sind aufgrund ihrer hohen Sensitivität und Spezifität wichtig. Diese Diagnosetechniken sind sehr wichtig, da wir planen, ein PPR-Kontrollprogramm in unserem Land zu starten. Osman et al. (2009) verwendeten Counter-Immuno-Elektrophorese (CIEP) und Competitive ELISA (C-ELISA) Tests für die Seroprävalenz der PPR-Infektion im Sudan. Die CIEP-Technik war für den Nachweis von PPRV-Antikörpern empfindlicher als die C-ELISA-Technik, doch der C-ELISA ist schneller und spezifischer. Couacy-Hymann et al. (2009) bestätigten das Vorhandensein von Virusantigen oder Nukleinsäure in Augen-, Nasen- und Mundproben mit dem Immuno-Capture-ELISA (Ic-ELISA) und der RT-PCR-Technik. Mit dem Ic-ELISA wurde das Virusantigen am Tag 4 nach der Infektion nachgewiesen. In ähnlicher Weise untersuchten Munir et al. (2009) die vergleichende Effizienz von cELISA, Standard-AGID und Precipitinogen-Inhibitionstest (PIT) für die Analyse von PPRV. Die Autoren berechneten eine "substanzielle" Übereinstimmung zwischen c-ELISA und AGID sowie eine "signifikante" Übereinstimmung zwischen c-ELISA und PIT und gaben diese an.

Zusammenfassend lässt sich sagen, dass der rasche Nachweis von PPRV bei infizierten Tieren mittels geeigneter und angemessener Antigen- und Nukleinsäure-Nachweisverfahren zu einer frühzeitigen Beurteilung der Infektion und in der Folge zur Bekämpfung der Krankheit in Pakistan beitragen wird. Da die PPR-Krankheit weit verbreitet und grenzüberschreitend ist, sind eine strenge serologische Überwachung, Tierregistrierung und Verbringungskontrolle und sogar die Überwachung von PPR mit Impfung an den Grenzen die Voraussetzung für eine wirksame Bekämpfung der Seuche.

5.2. Sero-Epidemiologie von PPRV

Dies sind die ersten Informationen über die tatsächliche Prävalenz von PPR in Pakistan, die auf archivierten Serumproben basieren, die während der Kampagne zur Ausrottung der Rinderpest (2005-06) gesammelt wurden. Diese Proben wurden aus allen Regionen des Landes ausgewählt. Die Studie stellt auch wertvolle Daten über den serologischen Status der beiden Hauswiederkäuerarten (Schafe und Ziegen) in Bezug auf PPRV zur Verfügung. In der vorliegenden Untersuchung wurde der c-ELISA eingesetzt, der im Vergleich zum Goldstandard VNT eine hohe diagnostische Spezifität (99,8 %) und Sensitivität (90,5 %) für den Nachweis und die Bestätigung von PPRV-Antikörpern aufweist (Libeau et al. 1992; Anderson und McKay 1994; Singh et al. 2004). Das Hauptprinzip des Tests besteht darin, dass das Vorhandensein von Antikörpern gegen PPRV im Serum die Reaktivität der bekannten monoklonalen Antikörper blockiert, was zu einer Verringerung der erwarteten Farbe nach Zugabe von enzymmarkiertem Anti-Maus-Konjugat und Chromogenlösung führt. Die negativen und positiven Cut-off-Werte wurden von den Kontrollen wie im Testverfahren beschrieben verwendet. Zahur et al. (2008) untersuchten die Dynamik der Krankheit mit der gleichen Technik in vierundzwanzig ausgewählten Dörfern. Sie fanden bei insgesamt 1096 von 1 463 kleinen Wiederkäuern positive PPR-Antikörper.

In der aktuellen Studie wurde die Analyse für das ganze Land und dann auf Provinzebene durchgeführt. Die Gesamtergebnisse ergaben einen Anteil von 27,53 % positiver PPRV-Antikörper, wobei der Anteil in der Provinz Belutschistan im Vergleich zu den anderen am höchsten war, was ein direkter Hinweis auf die höchste Schaf- und Ziegenpopulation in dieser Provinz ist. An zweiter Stelle lag Sindh mit einem positiven Prozentsatz von 33,98 %, gefolgt von Punjab und Gilgit-Baltistan (GB). Die PPR-Prävalenz war in Azad Jammu & Kashmir und Khyber Pakhtun-Khwa (KPK) mit 9,93 bzw. 19,83 % am niedrigsten. Abubakar et al. (2010) bestätigten den Nachweis von PPRV in vierzehn Bezirken der Provinz Sindh, und die Ergebnisse zeigten die höchste Seroprävalenz in Tharparkar, Mirpur Khas und Tando Allahyar, was mit den aktuellen Ergebnissen übereinstimmt. In einer anderen Studie berichteten Abubakar et al. (2009) über zweiundsechzig (62) mutmaßliche Ausbrüche während eines Zeitraums von drei Jahren aus den wichtigsten Gebieten des Landes, indem sie die Seren auf das Vorhandensein von PPRV-Antikörpern analysierten, ohne dass eine vorherige Impfung vorlag. Die Ergebnisse ergaben eine allgemeine PPR-Seroprävalenz von

54,09 % bei Schafen im Vergleich zu 44,15 % bei Ziegen. In ähnlicher Weise berichteten Khan et al. (2008) über insgesamt 43,33 % PPRV-Antikörper bei kleinen Wiederkäuern und 59,09 % bei großen Wiederkäuern bei Verdacht auf einen Ausbruch. Rinder- und Büffelseren mit einem hohen Anteil an PPRV-Antikörpern könnten als mögliches Versteck für PPRV angesehen werden. Balamurugan et al. (2012) beschrieben die Häufigkeit von PPRV-Antikörpern bei Rindern und Büffeln in einer Studie, die im Zeitraum 2009-2010 anhand von zufällig gesammelten Serumproben aus verschiedenen Teilen der südlichen Halbinsel Indiens durchgeführt wurde. In dieser Studie wurde eine Gesamtprävalenz von 4,58 % von PPRV-Antikörpern bei Rindern und Büffeln festgestellt.

Delil et al. (2012) untersuchten, dass die Seroprävalenz von PPRV während der Zeit des Ausbruchs im Vergleich zu den anfänglichen Werten viel höher wird, nämlich 7,3 % und 42,6 % bei Schafen bzw. Ziegen. Das höhere Vorkommen von PPRV-Antikörpern bei Ziegen deutet darauf hin, dass sie im Vergleich zu

Schafen relativ anfällig für PPR sind (Swai et al., 2009). Aus ähnlichen Gründen führten Zahur et al. (2011) in den Jahren 2005-2006 eine Seroerhebung bei kleinen Wiederkäuern in Pakistan durch, um die Seroprävalenz bei vermuteten PPR-Ausbrüchen zu schätzen. Sie berechneten die tatsächliche Seroprävalenz von PPR, die auf 48,5 % (95 % CI, 46,6-50,3), 52,9 % (95 % CI, 50,7-55,1) bzw. 37,7 (95 % CI, 34,4-41,0) für Ziegen und Schafe geschätzt wurde.

Es gibt viele regionale Studien über die Seroprävalenz von PPRV in den Nachbarländern, die das Vorhandensein von PPR zeigen. Balamurugan et al. (2014) untersuchten das Auftreten von PPRV-Antikörpern bei Rindern, Büffeln, Schafen und Ziegen im Jahr 2011 anhand von Serumproben, die nach dem Zufallsprinzip in verschiedenen Dörfern in fünf indischen Bundesstaaten gesammelt wurden. Insgesamt wurden 1.498 Serumproben [n = 605 (Rinder); n = 432 (Büffel); n = 173 (Schafe); n = 288 (Ziegen)] aus 52 Bezirken in fünf indischen Bundesstaaten (Andhra Pradesh, Gujarat, Jammu und Kaschmir, Maharashtra und Rajasthan) entnommen und mit dem PPR c-ELISA-Kit auf PPRV-spezifische Antikörper untersucht. Die Analyse von 1.498 Proben ergab eine Seroprävalenz von insgesamt 21,83 %, davon 11,07 % bei Rindern, 16,20 % bei Büffeln, 45,66 % bei Schafen und 38,54 % bei Ziegen. Das Vorhandensein von PPRV-Antikörpern zeigte, dass Rinder möglicherweise einer PPRV-Infektion ausgesetzt waren, und deutete auf die Bedeutung von Rindern und Büffeln als mögliche subklinische Wirte für das Virus hin. Darüber hinaus zeigte die Studie, dass die Prävalenz von PPRV-Antikörpern bei scheinbar gesunden Rindern unter natürlichen Bedingungen 21,83 % der Tiere vor einer erneuten PPRV-Infektion schützte. Diese Ergebnisse stimmen mit denen unserer Studie überein, da wir Proben von gesunden Tieren verwendeten und insgesamt 27,53 % positive PPRV-Antikörper bei kleinen Wiederkäuern in Pakistan nachweisen konnten. Raghavendra et al. (2008) führten zwischen Juli 2006 und März 2007 eine seroepidemiologische Studie durch, um die PPRV-Antikörper in Serumproben von Schafen und Ziegen im Süden der indischen Halbinsel zu bestätigen, und berichteten, dass 41,35 % der Schafsseren und 34,91 % der Ziegenseren positiv waren. Swai et al. (2009) untersuchten die Seroprävalenz und mögliche Risikofaktoren von PPR in sieben verschiedenen geografischen Verwaltungsbehörden in Nordtansania und stellten eine höchste Seroprävalenz von 42,60-88,02 % bei kleinen Wiederkäuern fest. Zu den möglichen Schlüsselfaktoren, die mit einer PPRV Infektion in Verbindung gebracht werden können, gehören Geografie, Tierart, Alter, Geschlecht und Jahreszeit (Abubakar et al., 2009). In den aktuellen Studien wurden weder signifikante Wechselwirkungen noch Unterschiede im Infektionsrisiko zwischen Schafen und Ziegen (Spezies) beobachtet (p > 0,05), d. h. das Odds Ratio zwischen Schafen und Ziegen ist 1 oder liegt nahe bei eins. Die Zusammenfassung der Verteilung der Prävalenz (y-Achse) nach Tierart (Schafe = oberste Reihe, Ziegen = unterste Reihe), Alter (1 = < Jahr, 2 = 1 - 3 Jahre, 3 = > 3 Jahre) und nach Provinz (x-Achse) ist in den Kästchen und den Medianen angegeben, wenn es mögliche statistische Unterschiede (sie überschneiden sich nicht) zwischen Provinzen oder Alter oder Tierart gibt. Männliche Tiere haben ein geringeres Risiko (Odds = 0,69 95% Konfidenzintervall (CI: 0,64 - 0,75)), sich mit PPR zu infizieren, als weibliche Tiere. Das Risiko ist geringer, weil die Odds signifikant unter 1 liegen (siehe auch UCL = 0,75, was kleiner als 1 ist und bestätigt, dass dieser Effekt signifikant ist).

Tiere im Alter von 1 bis 3 Jahren haben ein geringeres Risiko [Odds = 0,73 (95% CI: 0,66 - 0,81)] als Tiere < 1 Jahr, während Tiere > 3 Jahre ein höheres Risiko (Odds = 1,35 (95%CI 1,25 - 1,48) als Tiere < 1 Jahr haben.

Die höhere Prävalenz von Antikörpern gegen PPRV in der Schaf- gegenüber der Ziegenpopulation dürfte auf eine höhere Genesungsrate (niedrigere Sterblichkeitsrate) und/oder eine höhere Lebenserwartung von Schafen gegenüber Ziegen zurückzuführen sein. In einer anderen Studie aus der Region wurde in der Schaf- gegenüber der Ziegenpopulation eine Sterblichkeitsrate von 34,4 % bzw. 46,9 % festgestellt (Shankar et al., 1998), was mit unseren Ergebnissen übereinstimmt.

Die Gesamtantikörperreaktion auf PPRV wurde von Ozkul et al. (2002) in der Türkei mit 22,4 % festgestellt, und bei weiblichen Tieren wurde eine signifikant höhere Seroprävalenz von PPRV beobachtet als bei männlichen. Eine mögliche Erklärung dafür könnte sein, dass weibliche Tiere im Vergleich zu männlichen Tieren über einen längeren Zeitraum gehalten werden, um die Produktion zu fördern.

Im Gegensatz zu unseren Ergebnissen stellten Al-Majali et al. (2008) fest, dass der Besuch einer großen Herde, die Vermarktung von Lebendvieh und unzureichende tierärztliche Dienstleistungen potenzielle Risikofaktoren für eine PPR-Seropositivität sowohl bei Schaf- als auch bei Ziegenherden sind. Sie identifizierten auch die gemischte Haltung (Schafe und Ziegen) als weiteren Risikofaktor nur bei Schafherden. Abd El-Rahim et al. (2010) berichteten über einen Ausbruch der Pest der kleinen Wiederkäuer (PPR) in der ägyptischen Provinz Kalubia im Jahr 2006, bei dem eine große Population von Wanderziegen und -schafen in einem riesigen geografischen Gebiet betroffen war. Bei 75 % der Tupfer und 63,4 % der Serumproben, die positiv auf PPRV-

Antikörper reagierten, wurde PPRV nachgewiesen. Sie wiesen auch nach, dass das PPRV in den Wanderschaf- und -ziegenherden zirkuliert, was einen potenziellen Risikofaktor darstellen könnte.

Vergleicht man die saisonalen Trends der PPR-Infektionen, so hat Wosu (1994) ein interessantes Phänomen beschrieben: Im Winter weidet das Vieh in den Buschgebieten von Pothwar, auf verlassenen Anbauflächen oder in Tälern entlang von Wasserkanälen, Straßen und Weideflächen zwischen landwirtschaftlichen Feldern. Die Verbesserung des Ernährungszustands der Tiere durch die erhöhte Verfügbarkeit von Futtermitteln kann also zu einer erhöhten Resistenz gegen Krankheiten, insbesondere gegen PPR, führen. Im Gegensatz dazu wurde in unserer Studie die höchste Häufigkeit von PPRV-Ausbrüchen im ersten und letzten Quartal des Jahres gemeldet (Tabelle 3), wobei sie im März am höchsten war, gefolgt vom April. Diese Ergebnisse lassen darauf schließen, dass Umweltfaktoren, die das Überleben und die Ausbreitung von PPRV begünstigen, Auswirkungen auf die saisonale Verteilung haben können. Betrachtet man den Gesamttrend, so traten mehr Ausbrüche in der Zeit von Dezember bis Februar auf, was mit der nomadischen Weidehaltung in diesen Gebieten zusammenhängen könnte. Die Nomaden verlassen aufgrund von Unwettern ein Gebiet und ziehen mit ihren Tieren in die Ebene. Diese Tiere können dann durch häufige Übertragung von Tier zu Tier als Quelle für die Verbreitung des Virus während des ganzen Jahres dienen (Singh et al., 2004a).

Somit lieferte die vorliegende Studie wichtige Informationen über den serologischen Status von PPRV bei kleinen Wiederkäuern in Pakistan und seinen möglichen Zusammenhang mit Risikofaktoren wie saisonalen Schwankungen und geografischen Gegebenheiten, die bei der Ausarbeitung einer Impfstrategie zur Kontrolle und letztendlichen Ausrottung von PPR berücksichtigt werden müssen. Wenn wir die Unterschiede zwischen den geografischen Standorten vergleichen wollen, können wir dies anhand der Konfidenzintervalle (CI) tun. Wenn sich diese nicht überschneiden, können wir sagen, dass sie sich signifikant unterscheiden. In der Abbildung ist beispielsweise zu erkennen, dass die Prävalenz (sowohl bei Schafen als auch bei Ziegen) in Azad Jammu & Kashmir deutlich niedriger ist als in den übrigen Provinzen.

Zusammenfassend können wir also sagen, dass PPR in Pakistan weit verbreitet ist und sich in verschiedenen Gebieten zu einer endemischen Infektion entwickelt. Außerdem gibt es Gebiete mit hoher Seroprävalenz (wie in dieser Studie gezeigt), die als Hotspots betrachtet werden können und in denen Bekämpfungsstrategien angewandt werden könnten. Da die Infektion eine der Hauptursachen für Morbidität und Mortalität in der

Schaf- und Ziegenpopulation ist, stellt sie eine ernsthafte Bedrohung für die Ernährungssicherheit und die ländliche Wirtschaft Pakistans dar.

5.3. Persistenz und Übertragung des PPR-Virus

Direkter Kontakt zwischen infizierten und empfänglichen Tieren führt zur Übertragung von PPRV. Wenn einheimische Schafe und Ziegen beim Weiden mit nomadischen Herden in Kontakt kommen, führt dies zur Verbreitung von PPR (Shankar, 1998).

Um diese Auswirkungen zu untersuchen, wurde der Ausbruch in einem Betrieb in Islamabad, Pakistan, untersucht, in dem Ziegen (die zur Fleischgewinnung gehalten wurden) gehalten wurden. Entsprechend den Ergebnissen der ICE-Untersuchung und der Impfung wurden die Tiere untergebracht und in Gruppen zusammengefasst. Außerdem wurden serologische Tests durchgeführt, um festzustellen, ob die Tiere gesund oder erkrankt waren. Im Vergleich zu früher gemeldeten Ausbrüchen waren die Morbiditäts- und Mortalitätsraten während des Ausbruchs in Pakistan geringer (27 % bzw. 9,1 %). Allerdings waren verschiedene Tierarten wie Ziegen und Schafe und sogar verschiedene Rassen in unterschiedlichem Maße betroffen (Couacy-Hymann et al., 2007; Diop et al., 2005). Infolge der unterschiedlichen klinischen Pathologie waren auch die serologischen Reaktionen sehr unterschiedlich. Ein ungewöhnliches Verhalten wurde in Gruppe 2b beobachtet. Die Tiere der Gruppe 2b waren serologisch negativ, aber ICE-positiv. Dies könnte jedoch auf die Verwendung von Kotproben zurückzuführen sein, da diese für die Antigendiagnose nicht empfohlen werden und Nasen-, Augen- und Wangenabstriche sowie Lymphknoten-, Lungen- und Milzgewebe Vorrang haben (OIE, 2008). In dieser Studie wurden jedoch Fäkalien für den Antigennachweis verwendet, da das Ziel der Studie darin bestand, das Potenzial für die Übertragung des Virus über diesen Weg zu bewerten. Nach der natürlichen Infektion wurden in dieser Herde aufgrund der geringen Morbidität sowohl vor als auch nach der Impfung Antikörperreaktionen festgestellt. Für diese Daten waren echte Negativkontrollen vorhanden, da die Tiere in Gruppen aufgeteilt wurden (Gruppe 4, n=5). Die unterschiedlichen Immunreaktionen der Tiere der Gruppe 2b boten die Möglichkeit, den Impfstofftransfer von geimpften Tieren auf naive Kontakttiere zu bewerten. Die Tiere der Gruppe 2b haben ohne Impfung starke PPRV-spezifische Antikörperreaktionen entwickelt, was die Übertragung von Impfstämmen aus den Gruppen 2a und 3 bestätigt. Die serologischen Ergebnisse der PPRV-Impfung nach 10, 20, 30 und 45 Tagen wurden von Khan et al. (2009)

bei Schafen und Ziegen mittels c-ELISA untersucht. Die mittleren PI-Werte bei Schafen lagen 10, 30 und 45 Tage nach der Impfung bei 37, 65 bzw. 91 %, während sie bei Ziegen 43, 78 bzw. 86 % betrugen. In dieser Studie wurden die Tiere 6 Monate nach der Impfung untersucht, und die Ergebnisse stimmten mit der Studie von Khan et al. (2009) überein. Die Studie wurde auf 6 Monate ausgedehnt, um das Vorhandensein von neutralisierenden Antikörpern nach der Impfung zu analysieren, da es allgemein anerkannt ist, dass der Impfstoff gegen RPV lebenslange Immunität verleiht.

Ein weiteres aufregendes Merkmal dieses Experiments war der Nachweis der viralen RNA, die von den Tieren ausgeschieden wurde, sowie die Beobachtung der Ausscheidung viraler Antigene im fäkalen Material. Die RT-PCR für Kotproben der Gruppe 2a bestätigte das Vorhandensein des viralen Antigens, und die Sequenzierung bestätigt, dass das isolierte virale Genom eng mit anderen natürlichen Isolaten aus Pakistan und den umliegenden Ländern verwandt ist. Fäkalproben der Gruppe 2a waren bis zu 30 Tage nach der Impfung positiv, wie der HA-Test bestätigte. Nach 30 Tagen waren die Proben der Gruppe 2a negativ. Bei ungeimpften Tieren der Gruppe 2b wurde jedoch 60 Tage lang virales Antigen ausgeschieden, nachdem sie dem aus dem Impfstoff gewonnenen Lebendvirus der Gruppen 2a und 3 ausgesetzt waren. Daraus lässt sich schließen, dass das im Impfstoff enthaltene Virus zu einer starken Immunität geführt hat. Diese Immunreaktion war so intensiv, dass die Infektion schnell überwunden wurde. Der Genotyp des von den Tieren der Gruppe 2b ausgeschiedenen Virusmaterials wurde nicht bestätigt. Interessanterweise lässt die Virusausscheidung nach 2 Monaten den Schluss zu, dass sich das PPRV im Körper replizieren kann, nachdem die Krankheitssymptome verschwunden sind (Tiere der Gruppe 2b). Die Gruppe 2a hat alle verbleibenden aktiven Viruspartikel beseitigt, da in ihrem Kot nach 30 Tagen kein virales Antigen mehr nachgewiesen werden konnte. Bevor die Ergebnisse ausgewertet werden können, muss das lebende Virus in den Fäkalien bestätigt werden. Daher müssen die wiedergefundenen Tiere auf das Lebendvirus in ihren Fäkalien diagnostiziert werden, bevor aus diesen Daten irgendwelche Schlussfolgerungen gezogen werden können. Diese Ergebnisse stimmen jedoch mit denen von Ezeibe et al. (2008) überein, und die Idee einer subklinischen Infektion und der Ausscheidung/Übertragung von Viren auf naive Tiere wird gestärkt. Um die Virusausscheidung und Antikörperproduktion zu untersuchen, haben Liu et al. (2013) das Feldisolat von PPRV bei Ziegen aus einem Ausbruch in Tibet, China, inokuliert. Außerdem hat er die Tiere mit dem PPRV-Impfstoffstamm Nigeria 75/1 geirapft. Um das virale Antigen und die Antikörper nachzuweisen, wurden orale, okulare und nasale Abstriche 3 Tage nach der Inokulation (pi) getestet, PPR konnte nachgewiesen werden und bis zum 26. Alle vier Ziegen, die mit dem PPRV-Feldisolat geimpft wurden, waren bereits am Tag 10 pi seropositiv. Bei Tieren, die mit dem Impfstamm geimpft worden waren, wurden am 14. Tag nach der Geburt Antikörper nachgewiesen, und die Konzentrationen neutralisierender Antikörper blieben acht Monate lang über der Schutzschwelle (1:8). Die Spontaneität der PPRV-Ausbrüche ist darauf zurückzuführen, dass die Tiere während der Prodromalphase der Infektion ansteckend sein können. Dieses Experiment trägt auch dazu bei, die häufigste epidemiologische Beobachtung zu erklären, dass die Einführung neuer Schafe oder Ziegen in gesunde Herden häufig zu neuen PPRV-Fällen führt. Unsere Ergebnisse stimmen auch mit denen von Ezeibe et al. (2008) überein, die wöchentlich Kotproben von 40 genesenen westafrikanischen Zwergziegen entnahmen, um die Ausscheidung von Hämagglutininen des PPR-Virus in ihrem Kot zu überwachen. Alle diese Ziegen scheiden die Hämagglutinine des PPR-Virus noch 11 Wochen nach der Genesung von der Krankheit aus. Neun Ziegen (22,5 %) scheiden 12 Wochen nach der Genesung virales Antigen aus.

Neben anderen Übertragungswegen verbreitet sich das PPRV durch Aerosole zwischen Tieren, die in engem Kontakt stehen. In der Vergangenheit verwendete Farrell (1869) das Rinderpestvirus aus Fäkalien, um die Krankheit durch infizierte Fomiten auf gesunde Tiere zu übertragen (Spinage, 2003). Fäkalien werden in landwirtschaftlichen Betrieben, in denen Schafe und Ziegen weiden können, als Dünger verwendet. Wenn der Dung PPRV enthält, kann er auf Weidetiere übertragen werden. Um die infektiösen RP-Viren zu inaktivieren, sind erhöhte Hitze (>70°C), ein höherer pH-Wert (<5,6, >9,6) und ultraviolettes Licht dafür bekannt, die Viruspartikel zu inaktivieren, wodurch die Möglichkeit einer Übertragung auf natürlichem Wege verringert werden kann. Obwohl die seltenen Ausbrüche die Wirksamkeit der Virionen aus den Fäkalien erklären könnten, um die sporadischen Ausbrüche zu verursachen, ist die Wahrscheinlichkeit der Übertragung von PPR auf Wildtiere und ihre Rolle bei der Übertragung des Virus, um sporadische Ausbrüche zu verursachen, immer noch unklar (was in Banyard et al., 2010 überprüft wurde). Das Vorhandensein von PPR in Wildtieren, wie es durch den Nachweis des viralen Antigens diagnostiziert wird, kann eine wichtige Rolle bei der Übertragung von PPR in nicht betroffenen Gebieten spielen. Tiere mit unterschiedlicher Empfänglichkeit können auf diesem Weg mit PPR infiziert werden. Außerdem können viele andere Faktoren die Beziehung zwischen Virus und Wirt beeinflussen. Bei geschwächten Tieren (die bereits infiziert sind) kann der Abwehrmechanismus gegen immunsuppressive Viren wie PPRV geschwächt sein. Die Interaktion von Zytokinen (IL-4 und IFN-y) wurde von Patel et al. (2012) zusammen mit dem Vorhandensein von viralen Antigenen/Antikörpern bei infizierten und geimpften Ziegen untersucht. In den frühen Stadien der Infektion wurden Reaktionen sowohl der T(H)1- als auch der T(H)2-Zytokine beobachtet, aber vor dem Tod wurden erhöhte IFN-Y-WERTE festgestellt, während die IL-4-Werte auf dem Ausgangsniveau blieben. Verschiedene Blutbestandteile von infizierten und geimpften Tieren wurden auf das Vorhandensein von PPR-Antigen und Antikörpern dagegen untersucht. Das Plasma wies den höchsten Gehalt an viralen Antigenen auf, gefolgt von Serum und Blut. In einer anderen Studie wiesen Couacy-Hymann et al. (2009) nach, dass PPR-Virus-Antigene und Nukleinsäure, die vermutlich mit dem infektiösen Virus in Verbindung stehen, zwei bis drei Tage vor dem Auftreten klinischer Symptome ausgeschieden werden. Sie infizierten die Ziegen subkutan mit verschiedenen afrikanischen und indischen Isolaten des Peste-des-Petits-Ruminants-Virus. Für alle Isolate wurden ab dem 6. Tag nach der Infektion typische Krankheitsanzeichen festgestellt. Augen-, Nasen- und Maulproben wurden am 3., 4. und 5. Tag als positiv für PPR-Antigen befunden.

VI. ZUSAMMENFASSUNG, SCHLUSSFOLGERUNG UND EMPFEHLUNGEN

6.1. Zusammenfassung

Die Peste des Petits Ruminants (PPR) ist eine äußerst tödliche und wirtschaftlich verheerende Krankheit bei Schafen und Ziegen. Sie ist auf dem asiatischen und afrikanischen Kontinent weit verbreitet, verursacht enorme wirtschaftliche Verluste und hat sich zu einer Bedrohung für die Ernährungssicherheit entwickelt. Die Krankheit ist in Pakistan seit 1991 bekannt und präsent. Es wurden zwar einige Anstrengungen unternommen, um grundlegende Daten über die PPR-Krankheit in Pakistan zu sammeln, aber es gab immer noch Lücken im epidemiologischen Wissen über PPR, um ein umfassendes Kontrollprogramm für diese Bedrohung im Land zu entwickeln. Bevor ein wirksames Bekämpfungsprogramm gestartet werden kann, ist es notwendig, die Pathogenese der Krankheit und die Übertragungsmuster unter Feldbedingungen zu verstehen und die molekulare und genetische Charakterisierung der PPR-Viren im Feld zu erforschen, um einen Einblick in das genetische Bild der unter den kleinen Wiederkäuern des Landes zirkulierenden PPRV zu erhalten. Vor diesem Hintergrund wurde die vorliegende Studie konzipiert, um einen Einblick in die molekulare Epidemiologie von PPR im Land zu erhalten und die Persistenz und Übertragung des PPR-Virus mit molekularen Methoden unter Feldbedingungen zu untersuchen.

Im Verlauf dieser Studie (2010 bis 2013) wurden insgesamt vierundachtzig PPR-Ausbrüche untersucht. Als Fall wurde ein Schaf oder eine Ziege mit einer Kombination aus Atemwegs- und Verdauungssymptomen und Fieber definiert. Die epidemiologischen Daten wurden auf einem eigens dafür entwickelten Formular erfasst und aufgezeichnet. Die Seuchenausbrüche traten im ganzen Land auf. Die meisten Ausbrüche wurden aus der Provinz Punjab gemeldet, gefolgt von Sindh und KPK (Khyber Pakhtunkhwa). Mehr positive Proben wurden aus ICT (Islamabad Capital Territory) als aus anderen Regionen gemeldet. Insgesamt waren alle drei Altersgruppen von Schafen und Ziegen von der Krankheit betroffen, aber die jüngeren Tiere waren mit einer Morbiditätsrate von 37,19 % stärker betroffen. Auch die Sterblichkeits- und Fallzahlen waren mit 46,86 % bzw. 17,39 % bei jungen Tieren höher. Die Ergebnisse des phylogenetischen Stammbaums zeigten, dass alle pakistanischen PPRV-Stämme, unabhängig vom verwendeten F- oder N-Gen, zur Linie IV gehören, die die auffälligste und am weitesten verbreitete Linie in Asien ist. Während sowohl die F- als auch die N-Gene die PPRV-Stämme in 4 Stämme klassifizieren, war die Verteilung der pakistanischen PPRV-Stämme stärker gestreut, da das in Taxila gesammelte Isolat im Vergleich zum Rest der in Pakistan gesammelten Isolate leicht unterschiedlich geclustert war, während auf der Grundlage des F-Gens alle pakistanischen Stämme im selben Zweig geclustert waren.

Die Serumproben (19575) von Schafen und Ziegen (die während der Rinderpest-Tilgungskampagne (2005-06) in allen Provinzen/Regionen des Landes gesammelt wurden) wurden in diese Studie einbezogen, um die Sero-Epidemiologie von PPRV in Pakistan zu bestimmen. Für die Untersuchung und Analyse der Serumproben wurde der kompetitive ELISA (c-ELISA) verwendet. Diese Proben wurden ausgewählt, um die tatsächliche Prävalenz von PPR auf nationaler Ebene an verschiedenen Orten zu ermitteln. Die Laborergebnisse für die einzelnen Provinzen sind in Tabelle 4.10 zusammengefasst. Insgesamt waren 27,53 Prozent der Proben positiv für PPR-Antikörper. In der Provinz Belutschistan war der Wert im Vergleich zu den anderen am höchsten. Sindh lag mit 33,98 % positiven Proben an zweiter Stelle, gefolgt von Punjab und Gilgit-Baltistan (GB). Am niedrigsten war die PPR-Prävalenz in Azad Jammu & Kashmir und Khyber Pakhtun Khwa (KPK) mit 9,93 bzw. 19,83 %.

Um die Persistenz und die Übertragungsdynamik von PPRV zu verstehen, wurde ein Feldausbruch umfassend untersucht, und es wurden zunächst Proben zur Bestätigung der Krankheit und später von den Tieren entnommen, die den Ausbruch überlebt hatten. Diese Tiere wurden drei Monate lang nach dem Ausbruch im Abstand von fünfzehn Tagen beprobt. Nach der klinischen Genesung wurden zwanzig geimpfte Tiere bis zu achtzehn Monate lang beobachtet, um die Entwicklung von Antikörpertitern gegen den Impfstoff zu beobachten. Das virale PPR-Antigen wurde einen Monat nach der Impfung in den Fäkalien nachgewiesen. Bei den nicht geimpften Tieren hingegen wurde das Virusantigen bis zu zwei Monate nach Beendigung des Ausbruchs im Kot nachgewiesen.

6.2. Schlussfolgerung

Der schnelle Nachweis von PPRV bei infizierten Tieren durch geeignete und angemessene Antigen- und Nukleinsäurenachweisverfahren, wie sie in der oben genannten Studie beschrieben wurden, ist für eine frühzeitige Beurteilung der Infektion und die anschließende schrittweise Kontrolle der Krankheit im Land notwendig. Die Feldepidemiologie von PPR für die Jahre 2010-2013 zeigt deutlich das saisonale Muster und die Morbidität, Mortalität und Falltodrate in der Population kleiner Wiederkäuer. Es ist inzwischen erwiesen, dass PPRV in Pakistan weit verbreitet ist und sich in verschiedenen Gebieten zu einer endemischen Infektion entwickelt hat. Auf der Grundlage dieser Daten auf nationaler Ebene sollten Bezirke mit hoher Seroprävalenz als Hotspots eingestuft werden, in denen Kontrollstrategien angewandt werden könnten. Die Rolle der Krankheitspersistenz, der Virusausscheidung, der geo-ökologischen Situation der kleinen Wiederkäuer und der Tierverbringungen sind Schlüsselfaktoren für die Übertragung der Krankheit und ihre Endemizität.

6.3. Empfehlung

Das Vorhandensein von PPRV wurde nun in den weit verbreiteten Gebieten Pakistans bestätigt und ist zu einer endemischen Infektion geworden, so dass dies bei der Planung des Kontrollprogramms im Land berücksichtigt werden muss. Die Studie lieferte die Basisdaten und Informationen über die Gebiete mit hoher PPRV-Seroprävalenz, die als Hotspots der Krankheit angesehen werden können, und die Demonstration von Bekämpfungsstrategien könnte dort durchgeführt werden. Außerdem lieferte die Studie den Nachweis, dass die Krankheit eher Ziegen und Jungtiere befällt, so dass die Bekämpfungsstrategie für diese Tierart eine andere sein könnte als für Schafe. Die genetische Charakterisierung geografisch unterschiedlicher Isolate zeigte die Variation und den Nachweis der Zirkulation verschiedener PPRV-Stämme, so dass weitere Arbeiten zu diesem Aspekt erforderlich sind, die die vollständige Genomsequenzierung eines lokalen Isolats umfassen können. Diese Art von Arbeit könnte zur Entwicklung eines lokalen Impfstammes führen, der bei der schrittweisen Kontrolle der Krankheit sehr nützlich ist.Die Studie lieferte auch den ersten Beweis für eine mögliche Ausscheidung von PPRV im Kot der wiedergefundenen Tiere, was ein sehr wichtiger epidemiologischer Punkt ist, wenn neue Tiere in die Herde aufgenommen werden und die fortschreitende Zucht von kleinen Wiederkäuern eingeleitet wird. All diese Erkenntnisse sind für die molekulare Epidemiologie und die genetische Charakterisierung von PPRV von großer Bedeutung und könnten die Grundlage für die Einleitung eines umfassenden Seuchenbekämpfungsprogramms bilden, das letztlich zur Ausrottung der Krankheit im Lande führt.

VII. ZITIERTE LITERATUR

Abegunde, A. 1983. Probleme im Zusammenhang mit der TCRV-Impfung von Schafen und Ziegen. In:Peste des petite ruminants (PPR) in sheep and goats, IITA, Ibadan, Nigeria, 24-26.

Abraham, G., Sintayehu, A., Libeau, G., Albina, E., Roger, F., Laekemariam, Y., Abayneh, D., Awoke, K., 2005. Seroprävalenzen von Antikörpern gegen das PPR-Virus (Peste des petits ruminants) bei Kamelen, Rindern, Ziegen und Schafen in Äthiopien. Präventive Veterinärmedizin70, 51-57.

Abu-Elzein, E., Hassanien, M., Al-Afaleq, A., Abd-Elhadi, M., Housawi, F., 1990. Isolierung der Pest der kleinen Wiederkäuer bei Ziegen in Saudi-Arabien. Veterinary Record127, 309-310.

Abubakar, M., Ali, Q., Khan, H.A., 2008. Prävalenz und Mortalitätsrate der Peste des petitis ruminant (PPR): möglicher Zusammenhang mit Aborten bei Ziegen. Tropical Animal Health and Production40, 317-321.

Abubakar, M., Arshed, M.J., Zahur, A.B., Ali, Q., Banyard, A.C., 2012. Natürliche Infektion mit dem Virus der Pest der kleinen Wiederkäuer: eine Bewertung vor und nach der Impfung nach einem Ausbruchsszenario. Virus Research167, 43-47.

Abubakar, M., Rajput, Z.I., Arshed, M.J., Sarwar, G., Ali, Q., 2011. Nachweis einer Infektion mit dem Peste des Petits Ruminants Virus (PPRV) bei Sindh Ibex (Capra aegagrus blythi) in Pakistan, bestätigt durch den Nachweis von Antigen und Antikörpern. Tropical animal health and production43, 745-747.

Abubakar, M., Munir M, 2014. Peste des Petits Ruminants (PPR) Virus: an Emerging Threat to Goat Farming in Pakistan. Transboundary and Emerging Diseases Transboundary and Emerging Diseases (Grenzüberschreitende und neu auftretende Krankheiten). 61 (Suppl. 1): 1-4.

Abubakar M, Irfan M, Manzoor S, 2015. Peste des petits ruminants in Pakistan: Vergangenheit, Gegenwart und Zukunftsperspektiven. J Anim Sci Technol. 2;57:32.

Al-Majali, A. M., N. O. Hussain, N. M. Amarin und A. A. Majok, 2008. Seroprävalenz und Risikofaktoren für die Pest der kleinen Wiederkäuer bei Schafen und Ziegen in Nordjordanien. Präventive Veterinärmedizin, 85 (1-2): 1-8. doi:10.1016/j.prevetmed.2008.01.002.

Ali, Q., 2004. National policy for control of Peste des Petits Ruminants in Pakistan. GCP/PAK/088-EC, FAO, Islamabad.

Amjad, H., Forsyth, M., Barrett, T., Rossiter, P., 1996. Peste des petits ruminants bei Ziegen in Pakistan. Veterinary Record139, 118-119.

Anderson, E., Hassan, A., Anderson, J., 1990. Beobachtungen zur Pathogenität für Schafe und Ziegen und zur Übertragbarkeit des Virusstammes, der während des Ausbruchs der Rinderpest in Sri Lanka 1987 isoliert wurde. Veterinäre Mikrobiologie 21, 309-318.

Anderson, J., McKay, J., Butcher, R., 1991. The use of monoclonal antibodies in competitive ELISA for the detection of antibodies to rinderpest and peste des petits ruminants viruses. The sero-monitoring of Rinderpest Throughout Africa Phase One IAEA-TECDOC-623 p, 43-53.

Anderson, J., T. Barrett und G. R. Scott 1996. Handbuch zur Diagnose der Rinderpest. In Food and Agriculture Organization (FAO) of United Nations, Rom, Italien.

Anees, M., Shabbir, M.Z., Muhammad, K., Nazir, J., Shabbir, M.A., Wensman, J.J., Munir, M., 2013. Genetische Analyse des Virus der Pest der kleinen Wiederkäuer aus Pakistan. BMC veterinary research9, 60.

Athar, M., Muhammad, G., Azim, F., Shakoor, A., 1995. Ein Ausbruch der peste des petits ruminants-ähnlichen Krankheit bei Ziegen im Punjab (Pakistan). Pakistan Veterinary Journal15, 140-140.

Ayaz, M., Muhammad, G., Rehman, M., 1997. Pneumoenteritis-Syndrom bei Ziegen in Dera Ghazi Khan. Pakistan Veterinary Journal17, 97-99.

Bailey, D., Banyard, A., Dash, P., Ozkul, A., Barrett, T., 2005. Full genome sequence of peste des petits ruminants virus, a member of the< i> Morbillivirus</i> genus. Virus research110, 119-124.

Balamurugan, V., Sen, A., Venkatesan, G., Yadav, V., Bhanot, V., Riyesh, T., Bhanuprakash, V., Singh, R., 2010. Sequenz- und phylogenetische Analysen der Strukturgene von virulenten Isolaten und Impfstoffstämmen des Virus der Kleinen Wiederkäuer aus Indien. Transboundary and emerging diseases57, 352364.

Balamurugan, V., Hemadri, D., Gajendragad, M. R., Singh, R. K., & Rahman, H. 2014. Diagnosis and control of peste des petits ruminants: a comprehensive review. *VirusDisease*, *25*(1), 39-56. http://doi.org/10.1007/s13337-013-0188- 2.

Bandyopadhyay, S. 2002. Die wirtschaftliche Bewertung eines PPR-Kontrollprogramms in Indien. In: 14th annual conference and national seminar on management of viral diseases with emphasis on global trade and WTO regime, Indian Virological Society, 18-20.

Baron, M.D., Barrett, T., 1995. Sequenzierung und Analyse des Nukleokapsid- (N) und Polymerase- (L) Gens und der terminalen extragenen Domänen des Impfstammes des Rinderpestvirus. Zeitschrift für allgemeine Virologie76, 593-602.

Barrett, T., 1993. Beweise für verschiedene Linien des Rinderpestvirus, die ihre geographische Isolierung widerspiegeln. Zeitschrift für allgemeine Virologie74, 2775-2780.

Barrett T, A.C.B., Diallo A, 2006. Molecular biology of the morbilliviruses In:Rinderpest and peste des petits ruminants virus plagues of large and small ruminants. 2nd Edition. Elsevier, Academic Press, London.

Barrett, T., Rima, B.K., 2002. Molecular biology of Morbillivirus disease of marine animals, C. J. Pfeiffer (Ed) Edition. Florida, Krieger.

Barrett, T., Romero, C., Baron, M., Yamanouchi, K., Diallo, A., Bostock, C., Black, D. 1993. Die Molekularbiologie der Rinderpest und der Pest der kleinen Wiederkäuer. In: Annales de Medécine Veterinaire.

Barrett, T., Rossiter, P., 1999. Rinderpest: die Krankheit und ihre Auswirkungen auf Mensch und Tier. Advances in Virus Research53, 89-110.

Barrett, T., S. M. Subbarao, G. J. Belsham, und B. W. J. Mahy 1991. Die Molekularbiologie der Morbilliviren, S. 83-102. In D.W. Kingsbury (Ed.). The paramyxoviruses. Plenum Press, New York.

Barrett, T., Sahoo, P., Jepson, P.D., 2003. Seal distemper outbreak Microbiology today30, 162-164.

Blixenkrone-M0ller, M., 1992. Biologische Eigenschaften von Phocine Distemper Virus und Canine Distemper Virus. APMIS. Supplementum36, 1-51.

Bourdin, P.a.L.V., A, 1967. Anmerkung zur Struktur des Virus der kleinen Wiederkäuer. Rev. Elev. Med. Vet. Pays Trop20, 383-386.

Braide, V., 1981. Peste des petits ruminants. A review. World Animal Review1981.

Brown, C., Mariner, J., Olander, H., 1991. Eine immunhistochemische Studie über die durch das Virus der Pest der kleinen Wiederkäuer verursachte Lungenentzündung. Veterinärpathologie Online28, 166-170.

Bundza, A., Afshar, A., Dukes, T.W., Myers, D.J., Dulac, G.C., Becker, S., 1988. Experimental peste des petits ruminants (Ziegenpest) in Ziegen und Schafen. Canadian Journal of Veterinary Research52, 46.

Calain, P., Roux, L., 1993. The rule of six, a basic feature for efficient replication of Sendai virus defective interfering RNA. Journal of Virology67, 4822-4830.

Campbell, J., Cosby, S., Scott, J., Rima, B., Martin, S., Appel, M., 1980. A comparison of measles and canine distemper virus polypeptides. Zeitschrift für allgemeine Virologie48, 149-159.

Cattaneo, R., K. Kaelin, Baczko, K., Billeter, M.A., 1989. Measles virus editing provides an additional cystein-rich protein. Zelle, 56: 759-764.

Chip, S., 1993. Eine wirtschaftliche Analyse der Vorbeugung von Peste des Petits Ruminants bei nigerianischen Ziegen. Präventive Veterinärmedizin 16 (2), 141-150.

Choi, K.-S., Nah, Jin-Ju, Ko, Young-Joon, Kang, Shien-Young und Jo, Nam-In, 2005. Rapid competitive enzyme-linked immunosorbent assay for detection of antibodies to peste des petits ruminants virus. Klinische und diagnostische Laborimmunologie12, 542-547.

Couacy-Hymann, E., Roger, F., Hurard, C., Guillou, J., Libeau, G., Diallo, A., 2002. Schneller und empfindlicher Nachweis des Virus der Pest der kleinen Wiederkäuer mittels eines Polymerase-Kettenreaktionstests. Zeitschrift für virologische Methoden100, 17-25.

Dhar, P., Sreenivasa, B., Barrett, T., Corteyn, M., Singh, R., Bandyopadhyay, S., 2002. Aktuelle Epidemiologie des Peste des Petits Ruminants Virus (PPRV). Veterinäre Mikrobiologie88, 153-159.

Diallo, A., 1990. Die Gruppe der Morbilliviren: Genomorganisation und Proteine. Veterinäre Mikrobiologie23, 155-163.

Delgado, C., 2005. Steigende Nachfrage nach Fleisch und Milch in den Entwicklungsländern: Auswirkungen auf die graslandbasierte Viehhaltung. In Grassland: a global resource (ed. McGilloway D. A., editor.), pp. 29-39 The Netherlands: Wageningen Academic Publishers.

Diallo, A., 2002. Bekämpfung der Pest der kleinen Wiederkäuer: klassische Impfstoffe und Impfstoffe der neuen Generation. Developments in biologicals114, 113-119.

Diallo, A., Barrett, T., Barbron, M., S. Shaila, M., P. Taylor, W., 1988. Differentiation of rinderpest and peste des petits ruminants viruses using specific cDNA clones. Virus Research11, 60.

Diallo, A., Barrett, T., Barbron, M., Subbarao, S.M., Taylor, W.P., 1989. Differentiation of rinderpest and peste des petits ruminants viruses using specific cDNA clones. Zeitschrift für virologische Methoden23, 127-136.

Diallo, A., Libeau, G., Couacy-Hymann, E., Barbron, M., 1995. Neueste Entwicklungen in der Diagnose von

Rinderpest und Pest der kleinen Wiederkäuer. Veterinäre Mikrobiologie44, 307-317.

Diallo, A., T. Barrett, P. C. Lefevre, W. P. Taylor, 1987. Vergleich von Proteinen, die in Zellen induziert werden, die mit RP- und PPR-Viren infiziert sind. J.Gen.Virol. 68: 20332038.

Dornenech, J., J. Lubroth, C. Eddi, V. Martin und F. Roger, 2006. Regionale und internationale Ansätze zur Prävention und Bekämpfung von grenzüberschreitenden und neu auftretenden Tierseuchen. Ann. N. Y. Acad. Sci1081, 90-107.

Durojaiye, O., Obi, T.U., Ojo, O., 1983. Virologische und serologische Diagnose der Pest der kleinen Wiederkäuer. Trop. Vet., 1: 13-17.

Durojaiye, O., Taylor, W., Smale, C., 1985. Die Ultrastruktur des Virus der "Pest der kleinen Wiederkäuer". Zentralblatt für Veterinärmedizin Reihe B32, 460-465.

Durojaiye, O., Taylor, W.P., 1984. Application of counter current immunoelectro- osmophoresis to the serology of peste des petits ruminants. Rev. Elev. Med. Vet. Pays Trop., 37: 272-276.

El Hag Ali, B., Taylor, W., 1988. investigation on rinderpest virus transmission and maintenance by sheep, goats and cattle. Bulletin of animal health and production in Africa= Bulletin de la sante et de la production animales en Afrique.

Elzein, E., Housawi, F., Bashareek, Y., Gameel, A., Al- Afaleq, A., Anderson, E., 2004. Schwere PPR-Infektion bei Gazellen, die unter halbfreien Bedingungen gehalten werden. Zeitschrift für Veterinärmedizin, Reihe B51, 68-71.

FAO 2013. EMPRESTADs.

Forsyth, M., Barrett, T., 1995. Evaluation of polymerase chain reaction for the detection and characterisation of rinderpest and peste des petits ruminants viruses for epidemiological studies. Virus Research39, 151-163.

Furley, C., Taylor, W., Obi, T., 1987. Ein Ausbruch der Pest der kleinen Wiederkäuer in einer zoologischen Sammlung. Veterinary Record121, 443-447.

Gargadennec, L., Lalanne, A., 1942. La peste des petits ruminants. Bull. Serv. Zoo. AOF5, 15-21.

George, A.A., 2002. Vergleichende Bewertung verschiedener Gentargets für die PCR-Diagnose von PPR. M.V.Sc. Dissertation eingereicht bei der Deemed University IVRI, Izatnagar, Indien.

Gibbs, E., Taylor, W., Lawman, M., Bryant, J., 1979. Classification of peste des petits ruminants virus as the fourth member of the genus Morbillivirus. Intervirology11, 268-274.

Gilbert, Y., und J. Monnier, 1962. Adaptation du virus de la PPR aux cultures cellulaire. Rev. Elev. Med. Vet. Pays. Trop15, 321-335.

Gotoh, B., Komatsu, T., Takeuchi, K., Yokoo, J., 2001. Akzessorische Proteine des Paramyxovirus als Interferon-Antagonisten. Mikrobiologie und Immunologie45, 787-800.

Grubman, M.J., Mebus, C., Dale, B., Yamanaka, M., Yilma, T., 1988. Analysis of the polypeptides synthesized in rinderpest virus-infected cells. Virology163, 261267.

Haffar, A., Libeau, G., Moussa, A., Cécile, M., Diallo, A., 1999. Die Sequenzanalyse des Matrixproteingens zeigt eine enge Verwandtschaft zwischen dem Peste des Petits Ruminants Virus (PPRV) und dem Delphin-Morbillivirus. Virus research64, 69-75.

Hall, W.W., Lamb, R.A., Choppin, P.W., 1980. The polypeptides of canine distemper virus: synthesis in infected cells and relatedness to the polypeptides of other morbilliviruses. Virology100, 433-449.

Hamdy, F., Dardiri, A., 1976. Response of white-tailed deer to infection with peste des petits ruminants virus. Journal of Wildlife Diseases12, 516-522.

Hussain, M., Afzal, M., Muneer, R., Ashfaque, M., Haq, E., 1998. Ein Ausbruch der Pest der kleinen Wiederkäuer bei Ziegen in Rawalpindi [Pakistan]. Pakistan Veterinary Journal18.

Ismail, T.M., Yamanaka, M.K., Saliki, J.T., El-Kholy, A., Mebus, C., Yilma, T., 1995. Klonierung und Expression des Nukleoproteins des Peste des Petits Ruminants Virus in Baculoviren zur Verwendung in der serologischen Diagnose. Virology208, 776-778.

Khan, H., Siddique, M., Arshad, M., Khan, Q., Rehman, S., 2007. Seroprävalenz des Peste des petits ruminants (PPR)-Virus bei Schafen und Ziegen in der Provinz Punjab in Pakistan. Pakistan veterinary journal27, 109.

Khan, H.A., Siddique, M., Abubakar, M., Ashraf, M., 2008. Der Nachweis von Antikörpern gegen das Virus der Pest der kleinen Wiederkäuer bei Schafen, Ziegen, Rindern und Büffeln. Tropical Animal Health and Production40, 521-527.

Kitching, R., 1988. The economic significance and control of small ruminant viruses in North Africa and West Asia. In Thompson, F.S. (Ed.). Increasing small ruminant productivity in semi-arid areas, ICARDA. S. 225-236.

Kumar, SS., Babu A., Sundarapandian G., Roy P., Thangavelu A., Kumar K.S., Arumugam R., Chandran N.D.J., Muniraju M., Mahapatra M., Banyard A.C., Manohar B.M., Parida S. 2014. Molecular characterisation of lineage IV peste des petits ruminants virus using multi gene sequence data. Vet. Microbiol. 174:39-49.

Kwiatek, O., Minet, C., Grillet, C., Hurard, C., Carlsson, E., Karimov, B., Albina, E., Diallo, A., Libeau, G., 2007. Ausbruch der Peste des petits ruminants (PPR) in Tadschikistan. Zeitschrift für vergleichende Pathologie136, 111-119.

Laurent, A., VAUTIER, A., 1968. Aspects biologiques de la multiplication du virus de la peste des petits ruminants ou PPR sur les cultures cellulaires. Revue d'Elevage et de Médecine Vétérinaire des Pays Tropicaux21, 297-308.

Lefevre, P., Diallo, A., Schenkel, F., Hussein, S., Staak, G., 1991. Serologischer Nachweis der Pest der kleinen Wiederkäuer in Jordanien. Veterinary Record128, 110110.

Lefevre, P.C. 1987. Peste des petits ruminants et infection bovipestique des ovins et caprins (Synthèse bibliographique). In: Institut d'Elevage et de Médecine vétérinaire des pays tropicaux, Maison-Alfort, Frankreich 99.

Lefevre, P.C., Diallo, A., 1990. Peste des petits ruminants. Rev. Sci. Tech. Off. Int. Epiz.9, 951-965.

Libeau, G., Diallo, A., Calvez, D., Lefevre, P., 1992. Ein kompetitiver ELISA mit monoklonalen Anti-N-

Antikörpern zum spezifischen Nachweis von Rinderpest-Antikörpern bei Rindern und kleinen Wiederkäuern. Veterinäre Mikrobiologie31, 147-160.

Libeau, G., Diallo, A., Colas, F., Guerre, L., 1994. Schnelle Differentialdiagnose von Rinderpest und Pest der kleinen Wiederkäuer mit Hilfe eines Immunocapture-ELISA. Veterinary Record134, 300-304.

Libeau, G., Lefevre, P., 1990. Comparison of rinderpest and peste des petits ruminants viruses using antinucleoprotein monoclonal antibodies. Veterinäre Mikrobiologie25, 1-16.

Libeau, G., Prehaud, C., Lancelot, R., Colas, F., Guerre, L., Bishop, D., Diallo, A., 1995. Entwicklung eines kompetitiven ELISA zum Nachweis von Antikörpern gegen das Virus der Pest der kleinen Wiederkäuer unter Verwendung eines rekombinanten Nukleobroteins. Forschung in der Veterinärwissenschaft58, 50-55.

Lundervold, M., Milner-Gulland, E., O'callaghan, C., Hamblin, C., Corteyn, A., Macmillan, A., 2004. Eine serologische Untersuchung des Wiederkäuerbestandes in Kasachstan während des postsowjetischen Übergangs in der Landwirtschaft und der Krankheitsbekämpfung. Acta Veterinaria Scandinavica45, 211-224.

Mack, R., 1970. . Die große afrikanische Rinderpestepidemie in den 1890er Jahren. Trop. Anim. Health Prod2, 210 - 219.

McCullough, S., McNeilly, F., Allan, G., Kennedy, S., Smyth, J., Cosby, S., McQuaid, S., Rima, B., 1991. Isolierung und Charakterisierung eines Morbillivirus für Schweinswale. Archive der Virologie118, 247-252.

Meyer, G., Diallo, A., 1995. The nucleotide sequence of the fusion protein gene of the peste des petits ruminants virus: the long untranslated region in the 5'-end of the F-protein gene of morbilliviruses seems to be specific to each virus. Virusforschung37, 23-35.

Munir, M., Zohari, S., Saeed, A., Khan, Q., Abubakar, M., LeBlanc, N., Berg, M., 2012. Nachweis und phylogenetische Analyse des aus Ausbrüchen im Punjab, Pakistan, isolierten Virus der Pest der kleinen Wiederkäuer. Transboundary and Emerging Diseases59, 85-93.

Munir M, Shabbir MZ und Berg M, 2013. Peste des petits ruminants in Pakistan. J. Inf. Mol. Biol. 1 (4):64-66.

Murphy, S.K., Parks, G.D., 1999. Die RNA-Replikation des Paramyxovirus Simian Virus 5 erfordert ein internes wiederholtes (CGNNNN) Sequenzmotiv. Journal of Virology73, 805-809.

Nanda, Y., Chatterjee, A., Purohit, A., Diallo, A., Innui, K., Sharma, R., Libeau, G., Thevasagayam, J., Brüning, A., Kitching, R., 1996. Die Isolierung des Virus der Pest der kleinen Wiederkäuer aus Nordindien. Veterinäre Mikrobiologie51, 207216.

Norrby, E., und M. N. Oxman, 1990. Measles virus, In B.N. Fields et al., Virology, 2nd edition, Vol. I, Raven Press, New York 1: 1013 - 1044.

Norrby, E., Oxman, M.N., 1990. Measles virus, In B.N. Fields et al., Virology, 2nd edition, Vol. I, Raven Press, New York 1: 1013 - 1044.

Obi, T., Ojo, M., Taylor, W., Rowe, L., 1983. Studien über die Epidemiologie der Pest der kleinen Wiederkäuer in Südnigeria. Trop. Vet1, 209-217.

Obi, T., Patrick, D., 1984a. Der Nachweis von Peste des Petits Ruminants (PPR)-Virus-Antigen durch Agargel-Fällungstest und Gegen-Immun-Elektrophorese. Zeitschrift für Hygiene93, 579-586.

Obi, T., Patrick, D., 1984b. Der Nachweis von Peste des Petits Ruminants(PPR)-Virus-Antigen durch Agargel-Fällungstest und Gegenimmun-Elektrophorese. Epidemiologie und Infektion93, 579-586.

OIE, 2000. Handbuch der Standards für diagnostische Tests und Impfstoffe. 4., 114-122.

Opasina, BA., 1983. Epidemiologie der PPR in den feuchten Wäldern und den benachteiligten Svanna-Zonen. In: DH Hill (ed.), Peste des Petits Ruminants in sheep and goats. Internationales Viehzucht-Zentrum für Afrika, Addis Abeba, Äthopien.

Opasina, B., Putt, S., 1985. Outbreaks of peste des petits ruminants in village goat flocks in Nigeria. Tropical animal health and production17, 219-224.

Ozkul, A., Akca, Y., Alkan, F., Barrett, T., Karaoglu, T., Dagalp, S.B., Anderson, J., Yesilbag, K., Cokcaliskan, C., Gencay, A., 2002. Prävalenz, Verbreitung und Wirtsbereich des Peste des petits ruminants Virus, Türkei. Neu auftretende Infektionskrankheiten8, 708-712.

Parida S, Muniraju M, Mahapatra M, Muthuchelvan D, Buczkowski H, Banyard AC. 2015. Peste des petits ruminants. Vet Microbiol. 181(1-2):90-106. doi: 10.1016/j.vetmic.2015.08.009.

Pandey, K., Baron, M., Barrett, T., 1992. Differentialdiagnose von Rinderpest und PPR mit biotinylierten cDNA-Sonden. Veterinary Record131, 199-200.

Perry, D.D., 2002. Investitionen in die Tiergesundheitsforschung zur Linderung der Armut. ILRI (alias ILCA und ILRAD).

Pervez, K., Ashraf, M., Khan, M., Khan, M., Hussain, M., Azim, F., 1993. Eine rinderpestähnliche Krankheit bei Ziegen im Punjab, Pakistan. Pakistan J. Livestock Res1, 1-4.

Renukaradhya, G., Suresh, K., Rajasekhar, M., Shaila, M., 2003. Competitive enzyme-linked immunosorbent assay based on monoclonal antibody and recombinant hemagglutinin for serosurveillance of rinderpest virus. Zeitschrift für klinische Mikrobiologie41, 943-947.

Rima, B., Baczko, K., Clarke, D., Curran, M., Martin, S., Billeter, M., Ter Meulen, V., 1986. Charakterisierung von Klonen für das sechste (L) Gen und eine Transkriptionskarte für Morbilliviren. Zeitschrift für allgemeine Virologie67, 19711978.

Rima, B. K., 1983. Die Proteine der Morbilliviren. Journal of General Virology64, 1205-1219.

Rima, B.K.A., Collin, und P. J. A. Earle, 2003. Vervollständigung der Sequenz eines Morbillivirus der Wale und vergleichende Analyse der vollständigen Genomsequenzen von vier Morbilliviren. National Center for Biotechnology Information (NCBI) NIH, Bethesda, MD. USA.

Roeder, P., Abraham, G., Kenfe, G., Barrett, T., 1994. Peste des petits ruminants bei äthiopischen Ziegen. Tropische Tiergesundheit und Produktion 26, 69-73.

Roeder, P., Obi, T., 1999. Erkennung der Pest der kleinen Wiederkäuer: ein Handbuch für die Praxis. Rom: Ernährungs- und Landwirtschaftsorganisation der Vereinten Nationen.

Roger, F., Guebre Yesus, M., Libeau, G., Diallo, A., Yigezu, L., Yilma, T., 2001. Nachweis von Antikörpern des Rinderpest- und des Peste des petits ruminants-Virus (Paramyxoviridae, Morbillivirus) bei einer neuen Tierseuche bei äthiopischen Kamelen (Camelus dromedarius). Revue de Médecine Vétérinaire 152, 265-268.

Rowland, A., Scott, G., Ramachandran, S., Hill, D., 1971. A comparative study of peste des petits ruminants and Kata in West African dwarf goats. Tropische Tiergesundheit und Produktion 3, 241-247.

Rushton, J., C.L. Heffernan und D. Pilling. 2002. A literature review of livestock diseases and their importance in life of poor people, In: Thorton, P.K., R. L. Kruska, N. Henninger, P.M. Kristjanson, R. s. Reid, F. Atieno, A. N. Odero und T. Ndegwa (Hrsg.) Mapping poverty and livestock in developing world International Livestock Research Institute, Nairobi, Kenia.

Saito, H., H. Sat, M. Abe, S. Harata, K. Amano, T. Suto, und M. Morita, 1992. Isolierung und Charakterisierung von Masernvirusstämmen mit geringer Hämagglutinationsaktivität. Intervirology, 33: 57-60.

Saliki, J., Libeau, G., House, J., Mebus, C., Dubovi, E., 1993. Monoclonal antibody-based blocking enzyme-linked immunosorbent assay for specific detection and titration of peste-des-petits-ruminants virus antibody in caprine and ovine sera. Zeitschrift für klinische Mikrobiologie 31, 1075-1082.

Saliki, J.T., 1998. Peste des petits ruminants. In: US Animal Health Association, Committee on Foreign Animal Disease. Ausländische Tierkrankheiten: das Graubuch. Ed 6. Part IV. Richmond, VA: US Animal Health Association.

Saliki, J.T., Brown, C.C., House, J.A., Dubovi, E.J., 1994a. Differentielle immunhistochemische Färbung von Pest- und Rinderpest-Antigenen in formalinfixierten, in Paraffin eingebetteten Geweben unter Verwendung monoklonaler und polyklonaler Antikörper. Zeitschrift für veterinärmedizinische diagnostische Untersuchungen 6, 96-98.

Saliki, J.T., House, J., Charles, A., Mebus, C., Dubovi, E., 1994b. Vergleich von Sandwich-ELISA mit monoklonalen Antikörpern und Virusisolierung zum Nachweis des PPR-Virus in Gewebe und Sekretion von Ziegen. J. Clin. Microb 32, 13491353.

Scott, G.R., 1981. Rinderpest und Peste des petits ruminants. In Gibbs, E.P.J. (Ed.). Virus Diseases of Food Animals. Vol. II Disease Monographs Academic Press, New York. 401-425.

Shaila, M., Purushothaman, V., Bhavasar, D., Venugopal, K., Venkatesan, R., 1989. Peste des petits ruminants bei Schafen in Indien. Veterinary Record 125, 602-602.

Shaila, M., Shamaki, D., Forsyth, M.A., Diallo, A., Goatley, L., Kitching, R., Barrett, T., 1996. Geographische Verteilung und Epidemiologie von Viren der Pest der kleinen Wiederkäuer. Virus Research 43, 149-153.

Shankar, H., V. K. Gupta, und N. Singh, 1998. Vorkommen der peste des petits ruminants ähnlichen Krankheit bei kleinen Wiederkäuern in Uttar Pradesh Indian J. Anim. Sci., 68 (1): 38-40.

Singh, R., Saravanan, P., Sreenivasa, B., Singh, R., Bandyopadhyay, S., 2004a. Prävalenz und Verbreitung der Virusinfektion der Pest der kleinen Wiederkäuer in Indien. Revue scientifique et technique-Office international des épizooties 23, 807-819.

Singh, R., Sreenivasa, B., Dhar, P., Shah, L., Bandyopadhyay, S., 2004b. Entwicklung eines auf monoklonalen Antikörpern basierenden kompetitiven ELISA zum Nachweis und zur Titration von Antikörpern gegen das Peste des Petits Ruminants (PPR) Virus. Veterinär-Mikrobiologie 98, 3-15.

Singh, V., Chum, V., Mondhe, K., 1996. Peste des petits ruminants: ein Ausbruch bei Schafen in Rajasthan. Indisches Veterinärblatt 73, 466-467.

Sinnathamby, G., Renukaradhya, G., Rajasekhar, M., Nayak, R., Shaila, M., 2001. Immunreaktionen bei Ziegen auf rekombinantes Hämagglutinin-Neuraminidase-Glykoprotein des<i> Peste des petits ruminants</i> Virus: Identifizierung einer T-Zell-Determinante. Vaccine 19, 4816-4823.

Srinivas, R.P., Gopal, T., 1996. Peste des petits ruminants (PPR): eine neue Bedrohung für Schafe und Ziegen. Livestock Advisor, 21(1): 22-26.

Sumption, K.J.S., G. Aradom, G. Libeau, A. J. Wilsmone, 1998. Nachweis von PPR-Virus-Antigen in Bindehautabstrichen von Ziegen durch indirekte Immunfluoreszenz. Vet.Rec., 142: 421-424.

Tahir, M., Ahmad, R., Hussain, I., Hussain, M., 1998. Gegen-Immuno-Elektrophorese - Ein schnelles Verfahren für die Diagnose von Peste-des-petits-Wiederkäuern. Pakistan Veterinary Journal (Pakistan).

Taylor, W., 1984. Die Verbreitung und Epidemiologie der Pest der kleinen Wiederkäuer. Präventive Veterinärmedizin 2, 157-166.

Taylor, W., Abegunde, A., 1979a. The isolation of peste des petits ruminants virus from Nigerian sheep and goats. Forschung in der Veterinärwissenschaft 26, 94.

Taylor, W., Abegunde, A., 1979b. The isolation of peste des petits ruminants virus from Nigerian sheep and goats. Forschung in der Veterinärwissenschaft 26, 94-96.

Taylor, W., Al Busaidy, S., Barrett, T., 1990. The epidemiology of peste des petits ruminants in the Sultanate of Oman. Veterinäre Mikrobiologie 22, 341-352.

Taylor, W., Diallo, A., Gopalkrishna, S., Sreeramalu, P., Wilsmore, A., Nanda, Y., Libeau, G., Rajasekhar, M., Mukhopadhyay, A., 2002. Peste des petits ruminants ist in Südindien seit den späten 1980er Jahren, wenn nicht schon vorher, weit verbreitet. Präventive Veterinärmedizin 52, 305-312.

Truong, T., Boshra, H., Embury-Hyatt, C., Nfon, C., Gerdts, V., Tikoo, S., ... Babiuk, S., 2014. Peste des Petits Ruminants Virus Tissue Tropism and Pathogenesis in Sheep and Goats following Experimental Infection. *PLoS ONE*, 9(1), e87145. http://doi.org/10.1371/journal.pone.0087145

Worrwall EE, JK Litamoi, BM Seck und G Ayelet, 2001. Xerovac: Eine ultraschnelle Methode zur Dehydratisierung und Konservierung von attenuierten Lebendimpfstoffen gegen Rinderpest und Pest der kleinen Wiederkäuer. Vaccine, 19: 834-839.

Wang, Z., Bao, J., Wu, X., Liu, Y., Li, L., Liu, C., Suo, L., Xie, Z., Zhao, W., Zhang, W., 2009. Peste des petits ruminants virus in Tibet, China. Neu auftretende Infektionskrankheiten 15, 299.

Zahur, AB., Irshad, H., Hussain, M., Anjum, R., Khan, M., 2006. Grenzüberschreitende Tierkrankheiten in Pakistan. Journal of Veterinary Medicine, Serie B 53, 1922.

Zahur AB, Irshad H, Hussain M, Ullah A, Jahangir M, Khan MQ, 2008. Epidemiologie der Peste des petits ruminants in Pakistan. Rev Sci Technol Off Int Epiz. 2008;27(3):877-84.

Zahur AB, Ullah A, Irshad H, Farooq MS, Hussain M, Jahangir M (2009). Epidemiologische Untersuchungen eines Ausbruchs der Peste des Petits Ruminants (PPR) bei afghanischen Schafen in Pakistan. Pak. Vet. J. 29(4): 174-178.

Zahur AB, Ullah A, Hussain M, Irshad H, Hameed A, Jahangir M, 2011. Sero-Epidemiologie der Peste des petits ruminants (PPR) in Pakistan. Prev Vet Med. 102:87-92.

Zahur AB, H Irshad, A Ullah, M Afzal, A Latif, M Abubakar, M Riaz, Jahangir, M. 2013. PPR-Impfstoff (Nigeria 75/1) bietet Schutz für mindestens drei Jahre bei Schafen und Ziegen. In 2nd Global PPR Research Allience Metting (GPRA) (Nairobi, Kenia).

ANHÄNGE

Appenix-1

FRAGEBOGEN FÜR DIE ERHEBUNG VON DATEN AUS DEM FELD

Epidemiologische Daten:
Fall Nr: _____ Datum der Beobachtung: _____
Name und Anschrift des Landwirts/Hofes/Eigentümers:_____
Alter des Tieres/DOB: _____ Spezies: _____ Rasse: _____
Geschlecht: Männlich [ ] Weiblich [ ]
Datum der ersten Krankheitsanzeichen in der Herde: _____
Rückwärts-/Vorwärtsverfolgung:
Wurden im letzten Monat Tiere in die Herde aufgenommen (gekauft, geschenkt bekommen, etc.)? Ja [ ] Nein [ ]
Wenn ja, an wen? _____ Wann _____
Wohin (Bezirk, Dorf)? _____
Daten zur Tierhaltung:
Fütterungsart: Futter / Kraftfutter / Mineralergänzung / Weidegang / Stallfütterung / Halbstallfütterung
/ andere _____
Art des Bodens: Unebener Boden / ebener Boden / Kaccha-Boden / gemauerter Boden / schlampig / andere
Frühere Krankheiten und Behandlungen: _____
Klinische Daten:
Klinische Anzeichen: _____
Temperatur: _____ Ausfluss aus: Auge [ ] Mund [ ] Nase [ ]
Aussehen des Ausflusses: Klar [ ] Eitrig [ ]
Läsionen im Mund [ ] Durchfall [ ]
Andere (bitte angeben): _____
Post-mortem-Läsionen: _____
Gesammelte Proben: _____ _____
Unterschrift:

I want morebooks!

Buy your books fast and straightforward online - at one of world's fastest growing online book stores! Environmentally sound due to Print-on-Demand technologies.

Buy your books online at
www.morebooks.shop

Kaufen Sie Ihre Bücher schnell und unkompliziert online – auf einer der am schnellsten wachsenden Buchhandelsplattformen weltweit! Dank Print-On-Demand umwelt- und ressourcenschonend produzi ert.

Bücher schneller online kaufen
www.morebooks.shop

KS OmniScriptum Publishing
Brivibas gatve 197
LV-1039 Riga, Latvia
Telefax: +371 686 204 55

info@omniscriptum.com
www.omniscriptum.com

Printed by Books on Demand GmbH, Norderstedt / Germany